国防科技图书出版基金

激光加工小孔技术
Laser Drilling Technology

张晓兵 等著

国防工业出版社
·北京·

图书在版编目(CIP)数据

激光加工小孔技术 / 张晓兵等著 . —北京 : 国防
工业出版社, 2020. 9
ISBN 978-7-118-12093-6

Ⅰ. ①激… Ⅱ. ①张… Ⅲ. ①激光技术-应用-孔加
工 Ⅳ. ①TG52

中国版本图书馆 CIP 数据核字(2020)第 123921 号

※

国防工业出版社出版发行
(北京市海淀区紫竹院南路 23 号 邮政编码 100048)
三河市腾飞印务有限公司印刷
新华书店经售

*

开本 710×1000 1/16 印张 17 字数 296 千字
2020 年 9 月第 1 版第 1 次印刷 印数 1—1500 册 定价 120.00 元

(本书如有印装错误,我社负责调换)

国防书店:(010)88540777 书店传真:(010)88540776
发行业务:(010)88540717 发行传真:(010)88540762

致 读 者

本书由中央军委装备发展部**国防科技图书出版基金**资助出版。

为了促进国防科技和武器装备发展,加强社会主义物质文明和精神文明建设,培养优秀科技人才,确保国防科技优秀图书的出版,原国防科工委于 1988 年初决定每年拨出专款,设立国防科技图书出版基金,成立评审委员会,扶持、审定出版国防科技优秀图书。这是一项具有深远意义的创举。

国防科技图书出版基金资助的对象是:

1. 在国防科学技术领域中,学术水平高,内容有创见,在学科上居领先地位的基础科学理论图书;在工程技术理论方面有突破的应用科学专著。

2. 学术思想新颖,内容具体、实用,对国防科技和武器装备发展具有较大推动作用的专著;密切结合国防现代化和武器装备现代化需要的高新技术内容的专著。

3. 有重要发展前景和有重大开拓使用价值,密切结合国防现代化和武器装备现代化需要的新工艺、新材料内容的专著。

4. 填补目前我国科技领域空白并具有军事应用前景的薄弱学科和边缘学科的科技图书。

国防科技图书出版基金评审委员会在中央军委装备发展部的领导下开展工作,负责掌握出版基金的使用方向,评审受理的图书选题,决定资助的图书选题和资助金额,以及决定中断或取消资助等。经评审给予资助的图书,由中央军委装备发展部国防工业出版社出版发行。

国防科技和武器装备发展已经取得了举世瞩目的成就。国防科技图书承担着记载和弘扬这些成就,积累和传播科技知识的使命。开展好评审工作,使有限的基金发挥出巨大的效能,需要不断摸索、认真总结和及时改进,更需要国防科技和武器装备建设战线广大科技工作者、专家、教授,以及社会各界朋友的热情支持。

让我们携起手来,为祖国昌盛、科技腾飞、出版繁荣而共同奋斗!

国防科技图书出版基金
评审委员会

前　　言

　　激光加工小孔技术是激光材料加工的主要应用方向之一。激光加工小孔的应用可以追溯至 20 世纪 60 年代,至今已有 50 多年的历史。1960 年,世界上第一台激光器——红宝石激光器在美国问世。1962 年,红宝石激光器用于小孔加工,这也是激光在材料加工领域的首次应用。50 多年来,激光加工小孔技术取得了长足进步,应用领域不断拓展。例如,激光加工航空发动机热端部件气膜冷却孔技术为航空发动机工作温度及性能的大幅度提高发挥了举足轻重的作用。

　　高效率、低成本及不断提高的加工质量是激光加工小孔技术之所以立足并长盛不衰、不断发展的源泉所在。加工小孔尺寸精度更高、热影响更小、孔径更小、深度更深、相应深径比更大、加工速度更快、应用面更广是激光加工小孔技术的主要发展方向。目前,激光加工小孔技术应用日益广泛,涉及航空、航天、汽车、电子、食品、纺织、仪器、制药和生物医疗等众多领域,而且发展速度越来越快,从事相关研究、应用的人员势必越来越多。

　　激光加工小孔技术的发展离不开激光器技术以及激光加工小孔工艺、装备,包括激光导光与聚焦器件技术的发展。例如,更高平均功率及脉冲频率的 YAG 激光器的出现,直接促进了激光加工小孔技术的大规模工业应用;激光输出特性直接决定了加工小孔的性能、质量。进入 21 世纪以来,以皮秒、飞秒脉冲激光器为代表的超短脉冲激光器功率水平、稳定性、可靠性的进一步提高,为激光加工小孔技术向无热致缺陷、更高精度、更微小尺度的发展提供了更广阔的空间。激光加工小孔工艺及装备的发展同样非常重要,例如:高速振镜器件技术及"飞行"制孔技术使加工效率达到了每秒数千孔;激光旋切制孔技术大幅度提升了加工小孔的精度及质量;不同输出特性的激光与材料作用机制及规律的理论分析及工艺研究决定了能否实现既有激光源激光制孔性能、质量的最优化。

　　针对上述背景,为了进一步促进激光加工小孔技术的应用、发展,本书基于中国航空制造技术研究院科研团队 20 多年来在军口重大基础研究、装备预先研究等多个项目的支持下在激光加工小孔技术领域的研究成果,重点介绍了激光加工小孔的机理、特点、应用实例,加工小孔的特征参量、影响因素、评估方法等基础知识,激光加工小孔建模分析,毫秒、纳秒长脉冲激光与超短脉冲激光加工小孔工艺技术,以及激光加工小孔的后续处理技术、防护技术,激光加工小孔装备技术及其发展趋势等。

本书主要由张晓兵研究员撰写,王学东、张伟、蔡敏、纪亮、孙瑞峰、焦佳能、马宁、张志金等技术人员也参与了部分编写工作,书稿中关于小孔性能分析、激光加工小孔后化学研磨处理等部分内容选用了合作单位西北工业大学、中国科学院金属研究所的共享研究成果。

书中的激光加工小孔技术基础知识部分是在整理国内外近期资料的基础上融入了作者 20 多年来在该项技术研究、应用的实践及成果编写而成,书中重点介绍的激光加工小孔数值模拟、工艺、后续处理、性能分析、工艺装备等,绝大部分为原创性成果,技术水平处于国内领先、国际先进,尤其是有关超短脉冲激光加工小孔等内容为最新科研成果,属于激光加工小孔技术的新工艺。

本书内容力求系统、全面,理论与实际结合紧密,并且体现先进性、前沿性,希望也相信能为从事特种加工,尤其是激光加工小孔的科研与工艺技术人员提供指导、参考、借鉴,也力求适合大学相关专业的师生阅读,使他们掌握激光加工小孔技术的基本知识及研究方法等。

最后,对国防工业出版社以及中国航空制造技术研究院、高能束流加工技术重点实验室给予本书出版工作的支持和资助表示衷心的感谢。

由于作者水平所限,书中疏漏在所难免,敬请读者批评指正。

作　者
2020 年 2 月

目　　录

Contents

第1章 概　　述

1.1　激光加工小孔技术简述

激光加工小孔的应用可以追溯至 20 世纪 60 年代,至今已有近 60 年的历史。虽然早在 1917 年爱因斯坦就提出了激光产生的原理(即受激辐射光放大的原理,受激辐射光放大英文为 light amplification by stimulated emission of radiation,英文缩写为 LASER,因此,最初直接音译为"镭射",后在钱学森倡议下我国大陆称为激光),但直到 43 年之后,也就是 1960 年,世界上第一台激光器——红宝石激光器才在美国问世。由于激光方向性好、亮度高,聚焦后光斑小、功率密度高,刚刚诞生不久,红宝石激光器很快在 1962 年被用于小孔加工,这也是激光在材料加工领域的首次应用。最初激光加工小孔的商业应用是在钟表行业的难加工材料——宝石轴承上加工直径为几百微米的小孔,后逐步扩展至加工聚晶金刚石拉丝模、刀片、针头、喷丝板、喷嘴等零件上类似大小的小孔。

50 多年来,激光加工小孔技术取得了长足进步,应用领域不断拓展。最经典的应用包括 20 世纪 70 年代采用激光加工航空发动机热端部件——高温合金的涡轮叶片和燃烧室零件气膜冷却孔,小孔孔径一般为 0.2~1.5mm,用以替代当时效率低下、成本较高的电火花加工和电液束加工。目前,激光加工航空发动机气膜冷却孔已得到普遍应用,据统计,现代高性能的航空发动机平均每台都有 10 万个左右气膜冷却孔[1]。

其他较典型的应用包括加工发动机喷油嘴、打印机喷墨嘴、医疗注射针头、药品、集成电路板、传感器、消声器、太阳能电池以及过滤和润滑用器件等小孔、微孔。激光加工小孔应用的行业包括航空、航天、汽车、电子、食品、纺织、仪器、制药和生物医疗等。

高效率、低成本及不断提高的加工质量是激光加工小孔之所以立足并长盛不衰、不断发展的源泉所在。目前,激光加工小孔技术仍在朝制孔尺寸精度更高、热影响更小、孔径更小、深度更深、相应深径比(孔深与孔径的比值)更大、加工速度更快、应用面更广等方向发展。现代激光加工小孔技术已经可以实现微米级精度小孔的加工,最小孔径甚至达 1μm,制孔的深径比已经达到 150∶1 以上,加工速度达到难以想象的 12500 孔/s。与激光切割、标记、焊接等应用相比,激光加工小孔虽然并非激光加工技术应用的主流,但仍占据激光材料加工 3% 的市场份额[2-5]。

激光器技术的进步是推动激光加工小孔技术拓展、提高的主要动力之一。激光加工小孔起初主要采用毫秒脉冲宽度的红宝石激光器以及后来的钕玻璃激光器，但由于脉冲频率低，只能采用冲击方式制孔，效率低，质量较差，难以加工孔径在 1mm 以下的小孔。20 世纪 70 年代中后期，较高频率及功率的脉冲 YAG 激光器的光束质量、可靠性得到了明显改善，YAG 激光器与多轴数控工作台组合的加工系统使其具备了脉冲激光旋切加工小孔的技术条件，制孔的孔径范围、精度、效率、宏微观质量及其一致性得到显著提高。至今毫秒（ms，10^{-3}s）或几百微秒（μs，10^{-6}s）脉冲宽度的 YAG 激光加工小孔技术仍在普遍应用。

但该激光器在加工小孔的精度、微孔加工等方面仍有局限性，尤其是对孔周边热影响较大、孔壁存在再铸层、易产生微裂纹等。原因在于毫秒脉冲激光加工小孔作用时间长，热影响大，围绕孔壁产生的融熔物会重新凝固形成再铸层，厚度大约在几微米至几十微米量级，由于热应力作用，再铸层内易产生微裂纹，甚至进入材料基体。也由于热作用过程不稳定、热影响偏大，毫秒激光加工小孔还存在小孔不圆、尺寸精度及一致性不高、孔壁不光滑、孔口毛刺多等诸多问题。

随着激光器技术的发展，先后又出现了紫外波段波长的准分子激光器以及纳秒（ns，10^{-9}s）脉冲宽度、皮秒（ps，10^{-12}s）脉冲宽度甚至飞秒（fs，10^{-15}s）脉冲宽度的固体激光器，上述激光器虽然在加工小孔的深度、效率等方面与毫秒激光加工小孔相比仍明显不足，但热影响要小得多，为激光加工小孔技术向更高精度、更小尺寸、更大应用范围等方向发展注入了全新的驱动力。

进入 21 世纪，光纤激光器异军突起，大功率的脉冲光纤激光器已展示其在加工深孔及高效率制孔方面取代传统的灯泵浦毫秒脉冲 YAG 激光器的可行性。

1.2　激光加工小孔特点、典型应用及发展趋势

1.2.1　激光加工小孔特点

总体而言，与机械钻孔、电火花加工小孔、电液束加工小孔等相比，现代激光加工小孔技术具有以下几个方面的优势或特点。

（1）非接触加工，可加工大倾角小孔。加工时不需要钻头、电极等，无工具损耗；由于非接触加工的特点，与其他方法相比，更易于加工大倾角小孔，如图 1-1 所示。最大倾角可以达到 85°。倾角定义为孔轴线与工件表面法线的夹角。

图 1-1　激光加工较大倾角斜孔

2

（2）可以加工金属和非金属各类材料。可加工的材料包括非导电材料、硬度极高材料、脆性材料甚至透明材料，如陶瓷、复合材料、金刚石、宝石、石英玻璃、钨、钼等。图1-2（a）、（b）所示为激光在玻璃上加工小孔，图1-2（c）所示为 Al_2O_3 陶瓷片上加工小孔，图1-2（d）所示为在 Si 基薄片上加工小孔[6-7]。

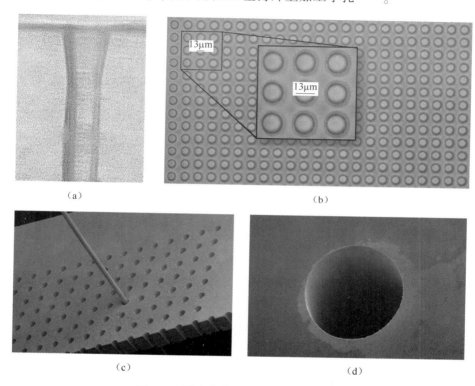

（a）　　　　　　　　　　　　　　　　　（b）

（c）　　　　　　　　　　　　　　　　　（d）

图1-2　激光在非金属材料上加工小孔

（a）飞秒激光加工[6]；（b）紫外激光加工[7]；
（c）纳秒激光在0.28mm厚陶瓷片加工直径0.08mm群孔照片；
（d）皮秒激光在0.4mm厚硅片加工0.12mm孔径小孔显微照片。

（3）速度快，效率高，加工整体成本低。例如，在薄硅片上加工小孔，以往采用机械钻削加工，最大速度可以达到500孔/min，而采用激光加工，速度可以超过4000孔/min，最快甚至达到12500孔/s[4]。图1-3所示为在0.3mm厚不锈钢薄片上脉冲 YAG 激光加工100μm孔径的密集小孔，速度达到150孔/s[3]。

（4）可加工大深径比小孔。深径比最高达到200：1，加工深度最大达到75mm。

图1-4（a）所示为在10mm厚不锈钢上采用毫秒脉冲激光加工孔径为0.09mm小孔，图1-4（b）所示为在1mm厚不锈钢上加工10μm小孔，深径比均达到100：1[3]。

（5）加工灵活性高。激光可以直接加工异型孔、倒锥孔、盲孔等，见

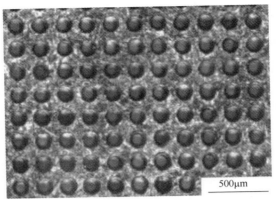

图 1-3　150Hz 毫秒脉冲 YAG 激光高速加工密集小孔

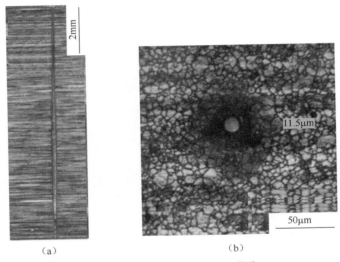

（a）　　　　　　　　　　　　（b）

图 1-4　激光加工大长径比微孔

图 1-5[2,8]，激光直接加工异型孔的重要性体现在航空发动机叶片气膜孔加工应用上，采用逐层减材去除方式，激光已经可以实现加工出口为漏斗等形状的异型孔，异型孔典型形貌如图 1-5(c)所示，从而实现以少量冷却空气获得更高的降温效果，显著提高了发动机的工作效率。

（6）可以获得制孔无热影响的效果。采用紫外波段纳秒脉冲激光加工高分子聚合物，以及采用超短脉冲宽度的飞秒、皮秒激光加工金属及陶瓷等材料，已经可以实现"冷"加工，对加工周边区域几乎无热影响，孔壁也无再铸层，图 1-6 所示为在单晶高温合金上采用飞秒激光加工小孔的孔口形貌及孔壁局部放大金相照片，可见孔壁无再铸层、热影响区[9]。

（7）可以加工更小孔径的小孔，具有更高的尺寸精度。通常可以制孔的最小孔径能够小于 50μm。得益于紫外激光、超短脉冲激光技术的发展，激光可以加工

4

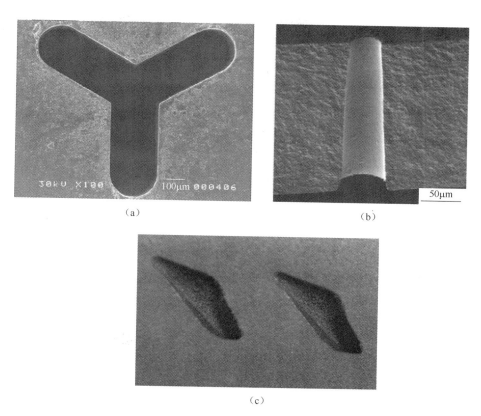

（a） （b）

（c）

图 1-5　激光加工不同形状小孔

（a）激光切割加工的异型孔[2]；（b）激光加工的倒锥孔[8]；（c）叶片上异型孔照片。

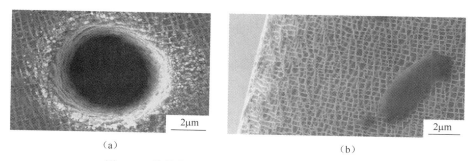

（a） （b）

图 1-6　单晶高温合金飞秒激光加工小孔显微照片

（a）孔口形貌；（b）孔壁局部放大。

的最小孔径已经达到 $1\mu m$，精度可以控制在亚微米。图 1-7 所示为采用纳秒激光加工 $10\mu m$ 孔径的小孔[5]。

激光加工、电火花加工、电液束加工为目前常用的特种加工方法。表 1-1 所列为这 3 种特种加工小孔工艺典型的加工性能及工艺特点的比较。

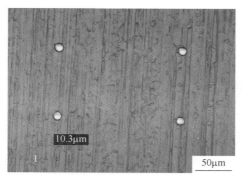

图 1-7 纳秒激光加工 10μm 孔径小孔

表 1-1 激光加工、电火花加工、电液束加工的加工性能与工艺特点

加工性能	激光加工	电火花加工	电液束加工
可加工材料	几乎所有材料	导电材料	导电材料
可加工孔径范围	小于 0.05mm	最小 0.1mm	最小 0.15mm
可加工孔深径比	最大达到 200：1	达到 100：1	达到 300：1
加工速度	非常快	一般	一般
孔壁再铸层厚度	小于 30μm，工艺优化	小于 20μm，通常情况	无再铸层
工具费用	低	高	中等
所耗材料	气体等	电极、冷却绝缘油	电极、酸液等
环境要求	烟尘抽取	烟雾抽取	酸液防护
注：激光加工小孔数据为毫秒脉冲激光加工小孔通常的情况			

由表 1-1 可见，激光加工小孔的优点在于加工的材料范围广，可加工更小的孔。另外，还在于加工效率高，加工工具成本相对较低。例如，加工涡轮叶片气膜孔时，用电火花加工（EDM），这些小孔（即使采用多电极加工），仍然比用激光加工效率低，而且由于叶片型面上小孔的分布较复杂，叶片壁厚的变化，导致多电极加工实际上在大多数条件下很难实现。EDM 加工叶片上一个小孔需 1min 左右，而毫秒脉冲 YAG 激光加工通常仅需数秒，加工效率得到成倍提高。

然而传统毫秒长脉冲激光加工小孔热影响较大，会产生较厚的孔壁再铸层。从目前国内外加工航空发动机气膜冷却孔现状分析，激光、电火花、电液束加工方法均在气膜孔加工中采用。毫秒级激光多用于定子叶片部件，电火花多用于定向高温合金转子叶片部件，电液束多用于单晶高温合金转子叶片部件。

1.2.2 激光加工小孔典型应用

1. 在航空发动机制造中的应用

航空发动机为提高性能，尤其是推重比、燃油效率，最有效的措施就是提高涡轮进口温度。而提高涡轮进口温度的主要技术措施，除了改善涡轮叶片等热端零件所用材料的耐高温性能以及在涡轮叶片、燃烧室等零件表面制备耐高温热障涂层外，还有一个重要途径是采用气膜冷却，见图1-8，即通过冷空气从空腔结构零件小孔流出在高温零件表面形成冷气膜以保护零件免受高温燃气损伤。气膜冷却结构的采用及不断完善已经使现代航空发动机的涡轮进口温度提高了400℃以上。

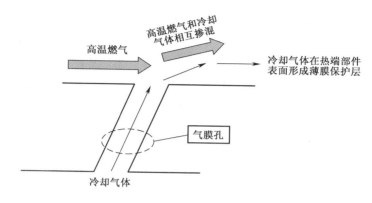

图 1-8　气膜冷却示意图

　　现代航空发动机在发动机的热端部件，如涡轮转子叶片（又称工作叶片）、涡轮静止叶片（又称导向叶片）、燃烧室零件等上设计了大量的气膜冷却孔。气膜冷却孔主要形式是在零件表面加工多排倾斜小孔，孔径一般在1mm以内，见图1-9。

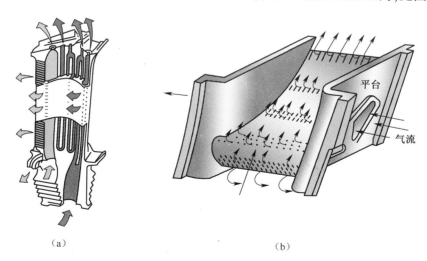

（a）　　　　　　　　　　　　　　　　（b）

图 1-9　航空发动机涡轮工作叶片及导向叶片气膜冷却示意图
（a）涡轮工作叶片；（b）涡轮导向叶片。

　　由于气膜孔直径较小，且一般与零件表面倾斜一定角度（图1-10），叶片、燃烧室等零件材料为镍基高温合金，因此，小孔加工是传统的机械加工难以胜任的，只

7

能采取特种方法进行加工,如激光加工、电火花加工、电液束加工,甚至电子束加工等。激光加工与电火花加工是目前最普遍采用的加工方法。

图 1-10 激光加工较大深度倾斜孔照片

气膜孔在叶片及燃烧室零件上分布的典型形貌如图 1-11 所示,由图 1-11(a)可见叶片上包括异型孔,除图 1-11(c)外,其他为航空发动机热端零件。

图 1-11 发动机热端零件上气膜孔分布照片

(a)表面制备热障涂层涡轮工作叶片;(b)涡轮导向叶片;(c)表面制备热障涂层燃气轮机涡轮工作叶片;
(d)密集分布气膜孔的燃烧室零件。

2. 在汽车发动机制造中的应用

激光加工小孔技术在汽车发动机制造中首先被用于加工质量要求不高的燃油过滤器密集小孔,见图 1-12[2],孔径一般为 0.05~0.3mm,材料厚度最大为 1mm,主要用于燃油在通过喷油嘴喷出燃烧前对燃油过滤、清洁,去除杂质。由于对小孔孔形、精度等要求不高,可以采用单脉冲冲击的"飞行制孔"的方式,加工速度非常快,通常可以达到每秒数百个孔,若板厚小于 0.3mm,甚至可达到 5000 孔/s[5]。图 1-13 所示为不锈钢材料过滤器,孔径为 0.05mm,壁厚 0.5mm,采用脉冲光纤激光器,最大制孔速度达到 1200 孔/s[3]。

图 1-12　燃油过滤器小孔

100μm

图 1-13　分布密集小孔的燃油过滤器实物照片及其小孔放大照片[5]

现代激光加工小孔技术更具前景的应用是加工汽车发动机燃油喷嘴的小孔,见图 1-14。由于传统的长脉冲激光加工小孔热影响大,存在再铸层、裂纹、毛刺等缺陷,小孔孔形较差,孔壁较粗糙、精度低。因此,以往该类小孔加工主要采用热影响相对较小的电火花加工,甚至更传统的机械钻孔。随着对低碳环保的进一步要求,进而对汽车尾气排放标准的不断提高,设计的小孔孔径更小,为 30~100μm,深径比需要达到 20:1,精度要求更高,孔径公差在 ±1.5μm 内,锥度小于 0.5°[10],也源于用户对提高燃油效率以及汽车制造商对更低加工成本的要求,原有电火花加工方式已难以满足上述需要,而以飞秒、皮秒脉冲宽度激光为代表的超短脉冲激光加工小孔技术的出现为该类小孔加工提供了全新且可行的技术途径。

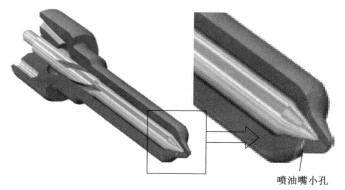

喷油嘴小孔

图 1-14　汽车发动机喷油嘴及前端小孔示意图[2]

9

超短脉冲激光由于无热熔加工的特性,几乎无热影响,孔壁光滑,尺寸精度及一致性控制得非常好,见图 1-15。因此与电火花加工相比,由于超短脉冲激光加工喷油嘴小孔的精度、表面质量、形状的改善,燃油效率提高 2%～4%,而且超短脉冲激光的加工效率较电火花加工也得到明显提高。

(a)   (b)

图 1-15   超短脉冲激光在不锈钢燃油喷上旋嘴切加工 1mm 深 0.15mm 孔径小孔[2]

图 1-16 所示为采用超短脉冲激光加工不同分布要求的喷油嘴小孔放大照片[2]。另外,超短脉冲激光可以加工更小的孔径,适合于更多材料的加工。

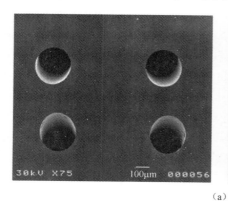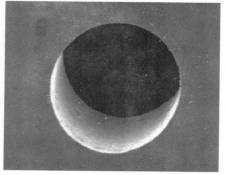

(a)

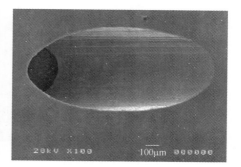

(b)

图 1-16   不同数量及分布形式的喷油嘴小孔照片[2]

其中图 1-16(a)所示为 4 个孔分布,孔径 250μm,材料厚 250μm,倾角 20°,加工速度为 5s/孔;图 1-16(b)所示为 18 孔分布,孔径 500μm,材料厚 500μm,倾角 60°,加工速度为 45s/孔[2]。

3. 在电子工业中的应用

随着电子产品向便携式、小型化发展,电路板的小型化需求越来越高。例如,现代手机和数码相机、摄像机的多层印制电路板(PCB)每平方厘米需要安装大约 1000 条以上互连线,因此,提高电路板小型化水平的关键在于采用越来越窄的线宽和不同层面线路之间越来越小的微型连通孔,包括盲孔,如图 1-17 所示[2]。

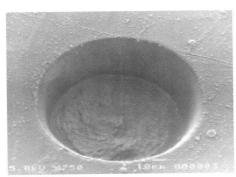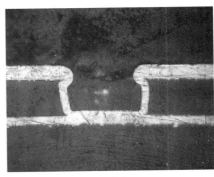

图 1-17 激光在 PCB 板上加工盲孔(孔径 100μm)[2]

传统的机械钻孔最小的尺寸仅为 100μm,已不能满足要求,而激光加工由于高效率、可以加工更小孔径的特点,已经可以取代原有的机械加工方式。目前,采用 CO_2 激光加工可获得孔径为 30~40μm 的小孔,而采用准分子等紫外波段激光已经可以加工孔径在 10μm 左右的小孔。

图 1-18 所示为激光加工小孔在太阳能电池中的应用。薄膜太阳能电池的制造中,激光以往通常用在刻划和除边工艺。其中一项称为发射极穿孔卷绕(Emitter Wrap Through,EWT)的新技术可以大幅提高电池的转换效率。为了实现 EWT 技术并满足对生产率的需求,必须在 1s 内在 180μm 厚的硅片上钻 10000~20000 个孔。这些孔要求直径约为 40μm 或更小,并以 1mm 的间距呈规则网格均匀分布在晶片上。图 1-19 所示为采用纳秒脉冲激光在硅片上加工微孔的照片,振镜高速扫描方式甚至实现了加工 12500 孔/s 的惊人速度[4]。

1.2.3　激光加工小孔技术应用发展趋势

与其他加工技术类似,提高加工效率、降低成本、不断提高加工小孔质量、性能,进而拓展应用范围,始终是激光加工小孔技术的发展方向。具体而言,激光加工小孔技术始终在追求制孔过程热影响更小、孔壁热致缺陷更少,甚至完全避免产生再铸层、微裂纹等缺陷,孔壁更光滑,制孔尺寸精度更高,可以加工更小孔径的

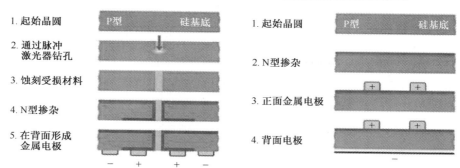

1. 起始晶圆 　　　　P型　　　硅基底

2. 通过脉冲
激光器钻孔

3. 蚀刻受损材料

4. N型掺杂

5. 在背面形成
金属电极

1. 起始晶圆　　　　P型　　　硅基底

2. N型掺杂

3. 正面金属电极

4. 背面电极

图 1-18　EWT 太阳能电池加工步骤和太阳能电池加工的标准步骤图[4]

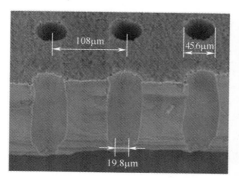

图 1-19　纳秒激光在薄硅片上制孔剖面照片[4]

孔,具有更大深度、相应更大的深径比(孔深与孔径的比值),加工速度更快,从而满足更多领域对制孔技术更高的技术要求。

例如,激光加工航空发动机叶片气膜冷却孔,尤其关注激光加工小孔造成的孔壁再铸层及其上存在的微裂纹。理论分析以及发动机试车的结果均表明,小孔孔壁再铸层及其上微裂纹是威胁发动机安全工作的主要隐患之一。微裂纹,特别是个别由再铸层进入基体的微裂纹(图 1-20(a)),对需要加工气膜冷却孔叶片的疲劳寿命影响非常大。叶片,尤其是涡轮转子叶片,在发动机中的工作环境非常恶劣,要承受非常大的离心力、气动以及热负荷。例如,我国某型发动机设计的最大转速高于 10000r/min,工作温度超过 900℃,任何一条微裂纹在交变应力作用下扩展、延伸(图 1-20(b)),都可能造成叶片疲劳断裂,从而打坏发动机部件或其他叶片,严重的甚至可能造成机毁人亡。

因此,提高质量是激光加工小孔技术研究非常重要的方向。提高激光加工小孔质量不仅是减薄再铸层、减少甚至消除微裂纹,而且提高小孔尺寸、形状精度,孔壁表面粗糙度及其一致性也是主要努力方向。实际上伴随着孔壁再铸层的减薄,小孔孔壁表面粗糙度、尺寸精度等也得到相应提高。

(a)   (b)

图1-20　气膜冷却孔周围存在的裂纹

(a)深入基体的裂纹;(b)裂纹沿孔边扩展、延伸。

激光器技术的进步是推动激光加工小孔技术拓展、提高的主要动力之一。最初激光加工小孔主要采用毫秒脉冲激光器。但该激光器在加工小孔的精度、微孔加工等方面仍有局限性,尤其是对孔周边热影响较大,孔壁存在再铸层,易产生微裂纹等。由于热作用过程不稳定、热影响偏大,毫秒激光加工小孔还存在小孔不圆、尺寸精度及一致性不高、孔壁不光滑、孔口毛刺多等诸多问题。

随着激光器技术的发展,先后又出现了纳秒脉冲宽度、皮秒脉冲宽度甚至飞秒脉冲宽度的激光器,其中皮秒、飞秒脉冲激光又称为超短脉冲激光。显然纳秒、皮秒、飞秒宽度的激光脉冲与材料作用时间比毫秒脉冲激光短得多,虽然由于脉冲能量较低,在制孔深度、效率等方面与毫秒激光加工小孔相比仍明显不足,但热影响要小得多。尤其是进入21世纪后,皮秒、飞秒激光器日益成熟,可靠性、稳定性以及脉冲能量、功率得到显著提高,因此,在加工小孔深度、效率等方面已经具备工业应用的技术条件。上述更窄脉冲激光为解决毫秒脉冲激光加工小孔热影响大、不可避免存在再铸层的问题以及进一步提高激光加工小孔精度、微细程度提供了全新的技术手段。

正是由于高频、更窄脉冲激光的出现,现代激光加工小孔技术已经可以实现微米级精度小孔的加工,如前所述,最小孔径为$1\mu m$,制孔的深径比最大达到200：1;与高速振镜扫描系统、多光束加工等技术发展相结合,在薄壁件上已实现了12500孔/s的制孔速度。

以航空工业应用为例,激光加工小孔技术的发展表现为以下几个方面。

(1)基于超短脉冲激光,实现发动机热端部件,如叶片、燃烧室零件,先制备热障涂层后加工无热致缺陷气膜冷却孔。

随着航空、航天技术的发展,金属材料的单独使用已不能满足在高温环境下的使用要求。例如,镍基单晶叶片,不仅需要采用气膜冷却结构,而且需要在叶片表面制备热障涂层以提升涡轮叶片工作温度,图1-21所示为表面制备热障涂层并带气膜孔的涡轮叶片。

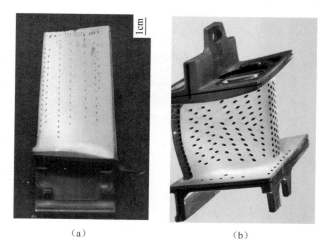

（a）   （b）

图 1-21　带热障涂层及气膜孔的涡轮叶片
（a）工作叶片；（b）导向叶片。

在航空发动机及燃气轮机热端部件表面涂覆陶瓷热障涂层（Thermal Barrier Coatings，TBC），能够起到隔热和降低其表面温度的效果，是提高耐高温能力的重要技术之一。而且陶瓷热障涂层兼具抗氧化腐蚀、耐磨损等作用。热障涂层显微结构如图 1-22 所示，从上至下由陶瓷面层、热生长氧化层（TGO）、金属黏结层（MCrALYS）组成，其中陶瓷面层（主要为 ZrO_2）及热生长氧化层（主要为 Al_2O_3）属于非导电材料。

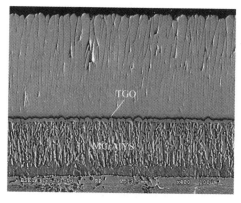

图 1-22　热障涂层典型组织形貌

目前，热障涂层的制备方法主要为等离子喷涂（PS）法与电子束物理气相沉积（EB-PVD）法。由于等离子喷涂具有成本低、效率高、简单易行、零件尺寸不受容器限制的特点，大部分对涂层结合强度要求不高的发动机涡轮导向叶片、燃烧室零件的热障涂层制备仍然普遍采用此方法。而 EB-PVD 法制备的陶瓷涂层具有柱状晶结构,涂层表面粗糙度、使用寿命、抗热冲击、抗剥落性能远优于等离子喷涂制备的陶瓷层。因此,工作环境更加恶劣的涡轮发动机工作叶片的热障涂层则多采用 EB-PVD 法制备。

对于表面制备热障涂层的热端部件,如果先加工小孔,再涂覆热障涂层,存在由于涂层材料不规则沉积于孔口,使孔径缩小、孔口畸变甚至完全堵塞的问题,导致冷却气体的流量及方向均发生变化,从而影响冷却效果,如图 1-23 所示,沉积于孔口的涂层显然会影响气流方向及气膜覆盖效果。

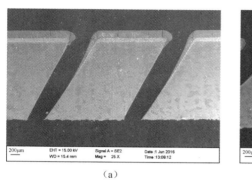
（a）

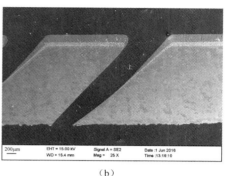
（b）

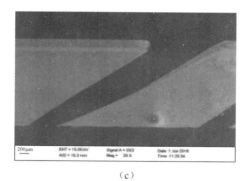
（c）

图 1-23　不同倾角小孔先制孔后用 EB-PVD 法制备热障涂层的缩孔情况
（a）30°；（b）45°；（c）60°。

先制备热障涂层后制孔可以避免该问题,但由于热障涂层不导电,电加工技术,如电火花加工、电液束加工小孔技术无法实现,如果先涂覆热障涂层后再采用激光加工小孔,采用传统的毫秒甚至纳秒激光加工（图 1-24）,会由于较大的热影响导致明显的再铸层（图 1-24（a））及涂层开裂、分层、崩块等热致缺陷（图 1-24（b））。

因此,研究先涂覆热障涂层再采用皮秒、飞秒的超短脉冲激光高质量加工小孔,对实现热障涂层在航空发动机、燃气轮机上广泛应用具有重要意义。图 1-25 所示为国外研究机构采用飞秒激光加工小孔,涂层未发现任何开裂、崩块、分层等缺陷[11]。

15

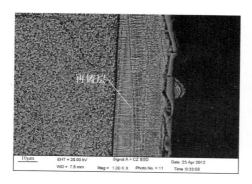 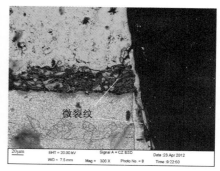

（a）　　　　　　　　　　　　　　　（b）

图 1-24　长脉冲激光加工导致较厚的再铸层及热障涂层开裂缺陷

图 1-25　国外采用飞秒激光直接加工带热障涂层高温合金材料上小孔

（2）实现超短脉冲激光直接加工高精度、高质量异型孔。

由于异型孔对提高叶片冷却效果作用显著，因而在先进发动机气膜冷却结构设计中更多被采用，见图 1-26。

通常采用电火花加工异型孔，需要制作与异型孔扩散段形状一致的仿形电极，因此，异型孔设计、制造的灵活性、柔性较差；由于大多采用二次成形加工（先加工圆柱形孔，再加工异型扩散段出口），加工过程电极会因放电损耗，导致加工孔的形状精度及其一致性差，而且需要频繁更换电极，加工成本高。同样，如果先制备热障涂层后加工孔，则无法采用电加工完成。

激光加工适用于热障涂层等陶瓷类非导电材料加工，结合超短脉冲激光去除材料热影响小、精度高、表面质量好的特点，类似于激光增材制造，可以将异型孔三维模型进行分层后生成多层不同外形轮廓的二维加工路径，再采用逐层减材方式加工异型孔扩散段，从而实现激光直接加工异型孔。显然，由于采用数字化加工方式，该方法具有快速、灵活的特点。因而，采用超短脉冲激光直接加工异型孔也已成为研究热点和应用方向。

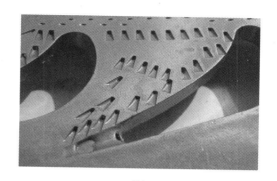

(a)　　　　　　　　　　　　　　　　　　　(b)

图 1-26　工作叶片异型孔示意图及导向叶片上缘板异型孔照片

(a)带异型孔工作叶片示意图;(b)导向叶片上缘板异型孔照片。

（3）实现飞机、发动机树脂基、陶瓷基复合材料构件采用激光高精度、低损伤加工小孔。

复合材料,包括树脂基、陶瓷基复合材料已在飞机、发动机上得到越来越广泛的应用。复合材料构件应用于飞机、发动机的主要目的在于减重。例如,波音 787 飞机采用树脂基复合材料构件,减重 30%,CO_2 的排放量在全服役周期可以减少 2700t/架。A380 飞机采用复合材料减重 25%,A350 飞机的目标则是减重 50%。美国的 F-22"猛禽"战斗机,复合材料所占比例为 35%,飞机蒙皮壁板、机翼中间梁、机身隔框、舱门等部件全部采用复合材料。连续纤维增强陶瓷基复合材料由于高温下具有足够的强度以及良好的抗氧化性能和抗热震性,非常适合应用于航空发动机整体燃烧室、压气机叶片、排气喷管、涡轮间过渡机匣、尾喷管等。例如,法国已将 C/Si 材料用于 M88 发动机的喷嘴瓣,将碳化硅纤维增强复合材料(SiC_f/SiC,简称CMC)用于幻影 2000 战机涡扇发动机的喷管内调节片[12]。

但是多层纤维增强的复合材料结构特点及材料力学性能、物理性能差异导致钻孔、去边等加工难度较大,仍缺乏更经济、快速、可靠的制造手段。例如,目前常用的机械钻孔仍存在易导致分层、剥离,加工粉尘颗粒较多,刀具易磨损、寿命短、成本高等问题。激光加工由于非接触加工的特点,不会产生刀具磨损,而且高功率密度的特点,使其具有更经济、快速、可靠的应用潜力。图 1-27 所示为采用纳秒激光加工小孔的树脂基复合材料燃烧室零件。

由于复合材料,尤其是碳纤维增强树脂基复合材料完全为异质材料,表现为物理性能相差巨大,如树脂熔点低、去除阈值低,而碳纤维易吸收激光而且导热性非常好,导致连续激光及长脉冲激光在作用区域产生的热量很容易被碳纤维传导而对周边并不需要去除的树脂产生破坏性损伤,危害性的加工缺陷包括产生热影响区、碳纤维与基体材料分层、剥离等,如图 1-28 所示[13]。

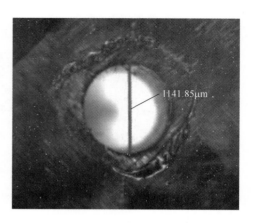

|141.85μm

图 1-27　激光加工小孔的复合材料　　　　　图 1-28　树脂基复合材料 CO_2
　　　　　燃烧室零件照片　　　　　　　　　　　　　激光加工小孔照片

　　超短脉冲激光由于作用时间超短、峰值功率及其聚焦后功率密度超高,与材料作用具有非热熔性,因此,热影响极小,同样更适合加工复合材料。实现超短脉冲激光加工复合材料构件小孔同样是激光加工小孔技术的发展方向之一。

　　(4)实现激光在飞机蒙皮、发动机壳体表面高速加工密集微孔。

　　减小飞机在飞行中的阻力,降低耗油率一直是新一代飞机设计、制造的努力方向。通过在飞机机翼、垂尾、前缘蒙皮表面,以及发动机壳体表面加工密集的微孔使空气的流动可控(图 1-29),均有助于减小飞机飞行中在翼面和周围气流之间的紊流干扰,从而明显减小飞行阻力,据估算,降低耗油率可以接近 15%,起飞总重减小 9.9%,运行空重减小 5.7%,升阻比增加 14.7%[14-15]。

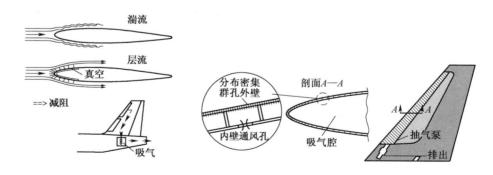

图 1-29　在机翼及垂尾加工密集小孔减小飞行湍流示意图

　　由于采用上述新结构的可观经济效益,国外已经在研究采用激光高速加工小孔以进行性能分析、验证。据报道,欧盟及美国已经将该技术投入飞行验证,见

18

图 1-30 和图 1-31。美国曾在 F-16XL 机翼上采用激光加工千万数量级的 $50\mu m$ 微孔,孔间距 0.5mm,用于吸气以使机翼保持为层流而非湍流[15]。

图 1-30　空客公司开展密集微孔减小湍流实验验证的飞机垂尾、发动机实物照片

图 1-31　美国开展密集微孔减小机翼表面湍流
实验验证的 F-16 战斗机机翼实物照片

基于国内外动态分析,未来激光加工小孔应用拓展主要有以下几个方向。

① 发动机(包括燃气轮机)叶片小孔超快激光加工,实现小孔加工无热损伤。

② 发动机(包括燃气轮机)叶片、燃烧室零件先涂层后加工小孔。

③ 发动机叶片(包括燃气轮机)异型孔加工。

④ 未来发动机复合材料构件小孔,包括机械连接孔无热损伤、高精度加工。

⑤ 未来飞机机身减阻、防结冰密集微孔高速加工。

⑥ 在电子、汽车、航空机载设备、医疗、食品工业、光电传感产品、光伏产品等领域中精密、微细小孔,包括盲孔,更高效率、更低成本激光加工,如汽车喷油嘴、缓释胶囊包衣、智能手机多层电路板等。

19

1.3 激光加工小孔用激光器及其参数、应用特点

1.3.1 激光加工小孔激光器的一般特点

激光加工小孔主要采用脉冲激光器,与连续激光加工相比,主要具有以下几点优势。

(1)具有短的作用时间,相应更小的热影响。最初用于加工小孔的激光脉冲宽度约为1ms,后拓展至几百纳秒至几十纳秒脉冲激光,目前已经发展到可以采用几十皮秒甚至几百飞秒脉冲激光加工小孔。加工时间越短,热影响越小。

(2)通过激光作用脉冲数的控制,易于控制材料的去除量。采用皮秒、飞秒脉冲激光加工小孔,每个脉冲去除深度已经可以控制在亚微米精度。例如,10ps左右的激光脉冲根据脉冲能量的不同,单个脉冲去除材料深度可以控制在$20 \sim 200nm$范围内。

(3)脉冲激光具有更高的功率密度,可以加工各种材料,更适合微细、精密加工。通常毫秒脉冲激光加工小孔的功率密度高于$10^6 W/cm^2$,纳秒脉冲激光可以达到$10^9 W/cm^2$,而皮秒、飞秒脉冲激光甚至可以轻易地超过$10^{12} W/cm^2$。在更高功率密度条件下,激光与材料的作用机制会发生特殊的变化,甚至可以用来加工对近红外激光几乎完全透过的透明材料。

目前用于加工小孔的激光器主要包括固体脉冲激光器和气体脉冲激光器。常用于加工小孔的气体脉冲激光器主要有CO_2激光器、准分子激光器及铜蒸气激光器。固体脉冲激光器又分为长脉冲激光器和超短脉冲激光器。其中长脉冲激光器指脉冲宽度为毫秒、纳秒的激光器,超短脉冲激光器是指脉冲宽度为皮秒、飞秒的激光器,当脉冲宽度为10ps以内时又称为超快激光器。

上述脉冲激光器的主要参数包括激光波长、脉冲宽度、脉冲频率、脉冲能量、平均功率、光斑形状、光束发散角等。

以下为上述激光器的主要参数及应用特点。

1.3.2 激光加工小孔激光器主要类型及其参数与应用特点

1. 脉冲CO_2激光器

(1)参数特点。CO_2激光器最大的特点在于激光位于远红外波段,波长为10600nm,容易实现基模输出,光束质量高。用于小孔加工的脉冲CO_2激光器一般功率不高,通常采用封离型射频激励CO_2激光器,应用脉冲电源调制技术实现方形波脉冲或尖峰脉冲激光输出,脉冲宽度为几十微秒。为了提高激光脉冲峰值功率,可以采用声光或电光调Q技术实现几十纳秒至一百多纳秒宽度激光脉冲输出。

下面给出30W封离型射频激励CO_2激光器的典型参数:

① 波长:10600nm。

② 圆形光斑输出,光束直径:2.2±0.5mm。

③ 光束质量:$M^2<1.1$,光束发散角(全角):2.1±0.3mrad。

④ 平均功率:最大30W,而脉冲功率最高达到290W。

⑤ 脉冲能量范围:2~120mJ。

⑥ 脉冲上升、下降时间:小于60μs。

(2)应用特点。由于波长长,加工尺寸受衍射极限限制,最小仅为30~40μm。CO_2激光的波长特性使其更适合在塑料、橡胶、纸质材料等更易于吸收10600nm波长激光的非金属材料上制孔。

典型应用包括加工婴儿奶瓶的奶嘴小孔、香烟过滤嘴外层的水松纸密集微孔、印制电路板(PCB)的聚酰亚胺和凯夫拉(Kevlar)纤维板等绝缘材料上导通孔以及药片外层胶囊薄膜实现药品缓释作用的小孔等。

图1-32所示为CO_2激光在凯夫拉纤维板上加工的密集孔。

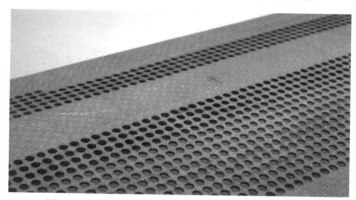

图1-32　CO_2激光切割加工密集孔的凯夫拉纤维板

2. 准分子激光器

准分子(Excimer)指仅存于激发态的分子。第一台准分子激光器诞生于1970年。目前,工业加工领域常用的准分子激光器主要是稀有气体卤化物的激光器,包括XeCl、KrF、XeF激光器等。

(1)参数特点。波长短,位于紫外波段,如ArF激光器波长为193nm、KrF激光器波长为248nm、XeCl激光器波长为308nm、XeF激光器波长为352nm。但准分子激光光束质量较差,输出光斑为矩形,而且不同方向光束发散角不同。

商用准分子激光器的典型参数见表1-2。

表1-2　准分子激光器参数

脉冲能量/mJ	重复频率/Hz	平均功率/W	脉冲宽度/ns
1~1200	10~4000	0.5~300	10~40
光束尺寸/mm	光束发散角/mrad	气体寿命/($\times10^6$脉冲)	腔的寿命/($\times10^6$脉冲)
(1×3)~(2×6)	(6×2)~(3×1)	20~50	500~2000

（2）应用特点。主要采用掩模投影再聚焦方式进行材料加工，由于光束不均匀，因此需要对光束做匀化处理以产生"平顶"能量分布的光束。由于波长短，聚焦后的尺寸非常小；又由于脉冲宽度窄，产生的热影响小。因此，应用优势在于较薄材料上进行微细、精密加工，包括加工微孔，尤其适合于在聚合物等高分子材料、硅基材料、陶瓷等脆性材料上制孔。典型的应用包括加工硅基玻璃薄片密集微孔[7]（入口孔径25μm、深100μm）、在喷墨打印机的聚酰亚胺材料喷嘴上加工高精度微孔[10]（入口孔径42μm、出口孔径32μm，精度为±0.5μm），如图1-33所示。

（a）   （b）

图1-33　准分子激光加工微孔照片
（a）硅基玻璃片上微孔；（b）喷墨打印机微孔。

此外，微电子行业是其重要应用领域，用于在PCB的聚酰亚胺绝缘层上加工微通孔。准分子激光还可以用于取代光刻、化学腐蚀的方法刻线。据报道，最小线宽小于100nm，甚至达到30nm。

3. 铜蒸气激光器

第一台铜蒸气激光器诞生于1966年，15年后进入商品化阶段。

（1）参数特点。铜蒸气激光器参数的最大特点是在510.5nm（绿光）和578nm（黄光）的可见光波长上输出，脉冲为纳秒宽度，典型值为10~50ns，重复频率最高为100kHz，脉冲能量为1mJ左右，也就是平均功率可达100W，而峰值功率则高达100kW。

（2）应用特点。铜蒸气激光器由于波长短、光束质量好，聚焦后光斑小，加工最小尺寸甚至达到1~1.5μm。因此，主要用于微细加工，尤其是金属材料的微孔、微槽的精密加工，加工的小孔尺寸及精度同样可以满足喷墨打印机及燃油喷嘴小孔的质量要求。

图1-34所示为采用最大平均功率75W、25ns脉宽的铜蒸气激光加工微孔、微槽等照片[2]。

4. 毫秒脉冲YAG激光器

（1）参数特点。波长为1064nm，位于近红外波段。其区别于其他制孔用脉冲

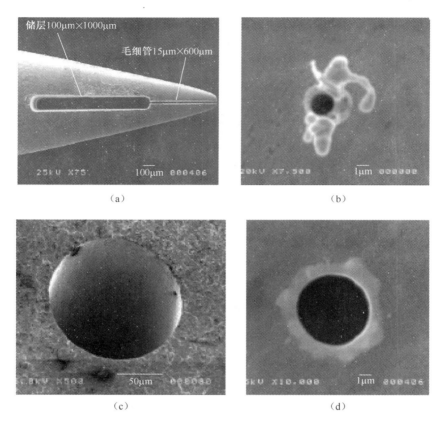

图 1-34　铜蒸气激光加工小孔典型应用

（a）铜蒸气激光精密加工的钢笔尖窄槽、窄缝；（b）在金膜上加工 1μm 微孔；
（c）在 1mm 钢上加工 0.15mm 高精度小孔；（d）在 50μm 钢片上加工 5μm 小孔。

激光器的最大特点在于脉冲宽度一般为毫秒及亚毫秒，脉冲能量较高，可以达到 10J 以上。

另外，频率相对较低，最高可以达到 1000Hz，平均功率一般最高不超过 500W，光束质量相对较差。

（2）应用特点。与更窄脉冲宽度激光相比，毫秒脉冲激光单脉冲能量大得多，相应单位脉冲、单位时间的材料去除率高得多，因此加工效率非常高，可以加工大深度小孔。但加工产生的热影响较大，存在明显的再铸层，孔壁、孔形质量相对较差，不适合加工精密、微细小孔。图 1-35 所示为毫秒脉冲激光在高温合金上加工小孔的孔壁横截面、纵截面金相照片[1]。

目前，航空发动机热端零件以及筛网、过滤器等一般质量要求的小孔加工多采用毫秒脉冲激光器。

激光加工小孔起初应用的毫秒脉冲宽度激光器是红宝石激光器以及后来的钕玻璃激光器，但由于脉冲频率低，只能采用冲击方式加工小孔，效率低，质量较差，

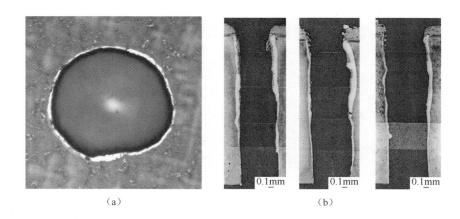

(a)   (b)

图 1-35 毫秒脉冲激光加工小孔截面金相照片

(a)旋切加工小孔横截面;(b)冲击加工小孔纵截面。

难以加工孔径在 1mm 以上的小孔。20 世纪 70 年代中后期,较高频率及功率的脉冲 YAG 激光器的光束质量、可靠性得到明显改善,由于频率高,使之具备旋切制孔的工艺条件,加工的孔径范围、精度、效率、宏微观质量及其一致性与红宝石、钕玻璃激光器相比得到显著提高。至今毫秒或几百微秒脉冲宽度的 YAG 激光器仍在普遍应用。

5. 毫秒脉冲光纤激光器

与通常灯泵浦的毫秒脉冲 YAG 激光器最大的不同在于采用细而长的双包层光纤而非晶体棒作为激光激活介质的载体,由于热透镜效应不明显,光束质量得到显著提高,可以接近基模水平。光纤激光器不仅实现了小功率纳秒、皮秒、飞秒激光输出,平均功率超过 6000W 的脉冲光纤激光器已经可以实现毫秒宽度、焦耳能量的脉冲激光输出。激光器输出脉冲实质是"门脉冲",通过"斩波"技术将连续激光改变为断续输出。例如,12000W 连续光纤激光器通过该技术可以获得的脉冲峰值功率为 12kW,平均功率越高,峰值功率越高,毫秒脉冲宽度的光纤激光器已经具备加工较大深径比小孔的能力。由于光束质量更好,峰值功率输出为平顶形,改变了灯泵浦毫秒脉冲 YAG 激光器在激光加工较大深度小孔工业应用中的统治地位。

6. 纳秒脉冲 YAG 激光器

纳秒脉冲激光主要通过声光调 Q 技术及电光调 Q 技术产生。

(1) 参数特点。波长为 1064nm。可以通过激光倍频技术将输出波长调整为 532nm 和 353nm,分别位于可见绿光及紫外波段。

脉冲宽度一般为几十纳秒至数百纳秒,脉冲能量为几个毫焦,频率可以在几千赫至几十千赫范围内调节,平均功率多在 100W 以内。

表 1-3 是工业加工用典型毫秒 YAG 激光器与纳秒 YAG 激光器参数的对比。

表 1-3　毫秒脉冲 YAG 激光器参数与声光调 Q 纳秒 YAG 激光器参数的对比

激光参数	激光能量	激光能量	频率	平均功率	峰值功率	功率密度（聚焦后）
毫秒 YAG 激光器	最大 50J	0.1~10ms	1~300Hz	450W	最大 10kW	$10^6 \sim 10^7 kW/cm^2$
纳秒 YAG 激光器	最大 3mJ	60~300ns	1~50kHz	20W	最大 50kW	$10^8 \sim 10^9 kW/cm^2$

可见,纳秒激光虽然脉冲能量非常低,但峰值功率、聚焦后功率密度由于脉冲宽度窄,反而比毫秒激光要高得多。

（2）应用特点。与毫秒 YAG 激光加工相比,由于纳秒 YAG 激光作用时间短、功率密度高,材料去除机制以气化为主导,热影响小,制孔精度、质量更高,但同样由于脉冲能量小,纳秒 YAG 激光器更多地被用于金属、硅基等薄壁材料的小孔加工、精密切割以及材料表面高质量标记、刻槽、雕刻。由于采用倍频技术可以将波长转变为紫外波段,聚焦光斑更小,因此纳秒 YAG 激光已被用于较薄的金属、非金属材料上进行高品质微孔加工,已经可以取代部分原准分子激光的应用领域。

随着激光加工小孔深度以及切割的需要,据报道已出现输出功率在 200W 以上倍频的可见光的较高频率纳秒激光器。国外基于声光调 Q 的倍频纳秒可见绿光激光开发了水导激光加工技术,见 2.2.2 节。

7. 超短脉冲激光器

皮秒、飞秒脉冲宽度的超短脉冲输出通过激光锁模技术实现。已商品化生产的超短脉冲激光器主要包括掺钛:蓝宝石激光器和掺镱、钕等其他固体晶体激光器,晶体的具体形状主要有光纤（Fiber）、盘片（Disk）以及介于两者之间的板条（Slab）。由于超短脉冲激光功率密度太高,为了避免激光在激光器内传导放大过程产生非线性吸收导致晶体等光学器件破坏,超短脉冲激光器采用了啁啾脉冲放大技术,即在激光放大时,脉冲宽度先被展宽,输出后再被压缩,以实现更大脉冲能量的超短脉冲激光输出。

（1）参数特点。主要输出波长:掺钛:蓝宝石激光器激光波长为 800nm;光纤超短脉冲激光器波长为 1030nm 左右,属于近红外波段。同样可以应用倍频技术压缩波长。

该类激光器的最大特点是激光脉冲宽度被进一步压缩,脉冲作用时间超短。例如,100fs 脉冲激光在 100fs 内仅传播 30μm,约为人的头发丝直径的距离,而 1s 时间内光可以传播 3×10^5 km。

商品化材料加工用超短脉冲激光器的脉冲能量同样不高,最高仅几毫焦,频率已经可以提高至兆赫,平均功率已实现上百瓦输出。据最新报道,采用 Innslab 结构的皮秒激光器已稳定得到了 1000W 级功率输出,脉冲能量为 20mJ,很快可达到 50mJ。

（2）应用特点。几乎可以加工任何材料,包括易燃物、爆炸物、透明材料、生物组织等。

由于脉冲时间超短,激光对材料作用区域周边的热影响微乎其微,与纳秒等长脉冲激光相比,超短脉冲激光对不同材料的去除阈值进一步降低,加工精度、质量、微细程度等相应得到提高,因此,尽管超短脉冲激光器结构复杂程度高,价格相对纳秒激光器昂贵得多,但超短脉冲激光加工已成为提高激光加工小孔精度、质量的主要技术发展方向。

1.4 激光加工小孔的主要特征参量

表征激光加工小孔的参量主要包括孔径、深度、锥度、深径比、圆度及其偏差、再铸层、微裂纹、热影响区、孔壁表面粗糙度等,各参量的定义如下。

1. 出口孔径、入口孔径以及深度、锥度、深径比

如图 1-36 所示,出口孔径、入口孔径、深度、锥度、深径比分别用 d_2、d_1、t、α、R 表示。其中,锥度定义为 $\alpha = \arctan[(d_1-d_2)/2t]$;深径比定义为 $R=d_2/t$。

因为激光加工小孔一般入口孔径大,出口孔径小,在存在一定锥度情况下,孔径通常指出口孔径,即 d_2。

2. 孔的圆度及其误差

如图 1-37 所示,激光加工圆孔的形貌、孔壁表面状况,由于工艺控制及热熔效应等影响,导致并非理想形状,孔的圆度误差定义为

$$\Delta = \frac{(D - d)}{2}$$

即最大孔径减去最小孔径的平均值。

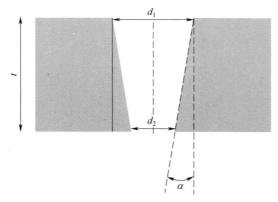

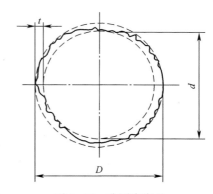

图 1-36　出口孔径、入口孔径、锥度、深度的定义示意图　　图 1-37　孔圆度定义

3. 热影响区、再铸层厚度、微裂纹长度、数量、孔壁表面粗糙度等

热影响区是指激光加工小孔过程中由于热作用导致孔壁周围基体材料组织尚未熔化而仅发生相变的区域,其厚度表征、确认与再铸层相同。再铸层是激光加工小孔过程中熔融的材料未能从孔内排出而围绕孔壁重新凝固形成,也称为重铸层。

再铸层一般以最大厚度和平均厚度表征,再铸层最大厚度和平均厚度的检测方法如下。

（1）最大厚度。被测量孔纵剖到孔圆心位置,磨抛侵蚀处理纵剖面,区别基体材料与再铸层,显微观测孔纵剖面,测量侧壁再铸层厚度;或沿孔轴向横剖小孔,用同样方法磨抛侵蚀处理剖面,显微观测孔横剖面,测量孔壁周向再铸层厚度。在两侧壁或孔壁周向再铸层中,选取再铸层最厚处进行测量,得到再铸层的最大值。

（2）平均厚度。在两侧壁,自上而下等间距各测量不少于 5 组再铸层厚度值,即总共不少于 10 组数值,求其平均值;或孔壁周向再铸层中等分选取 6~10 个点测量再铸层厚度,求其平均值。

以孔纵剖面再铸层厚度测量为例。图 1-38 所示为孔纵剖面表征再铸层厚度选取测量数据示意图。表 1-4 所列为再铸层测量值。再铸层厚度最大值 b_{max} 为 5.38μm,再铸层平均厚度为 3.8μm。

表 1-4　孔壁再铸层厚度测量值

序号	1	2	3	4	5	6	7	8	9	10
测量值/μm	5.1	4.0	3.2	3.9	2.7	5.3	4.5	3.8	3.9	2.0
最大值/μm	5.3									
平均厚度/μm	3.8									

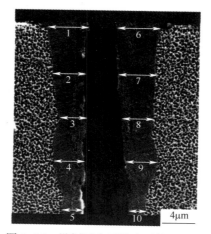

图 1-38　纵剖面表征孔壁再铸层厚度

微裂纹是制孔过程中由于热应力等作用而在再铸层内产生的裂纹(图 1-39),有的甚至进入材料基体。微裂纹一般以长度和数量表征,在检测微裂纹状况时,需要判断是否进入材料基体及进入的深度。

微裂纹长度和数量检测方法:微裂纹的表征方式有数量 m 和长度 l。被测量孔纵剖或横剖,磨抛处理剖面,显微观测孔剖面,观测加工孔壁附近区域的微裂纹数量,测量微裂纹的长度。表 1-5 与图 1-40 所示为微裂纹测量实例。

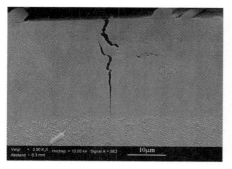
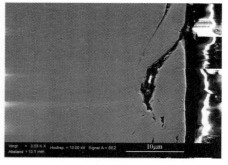

| （a） | （b） |

图 1-39　孔壁再铸层内微裂纹的典型形貌

（a）径向分布裂纹；（b）周向分布裂纹。

表 1-5　微裂纹数量和长度测量值

序号	1	2	3	4	5	6	7	8	9	10	11	12	13
长度/μm	1.1	1.4	2.6	3.8	7.5	14.5	16.8	16.8	5.9	2.6	1.8	3.4	2.5
数量/个	13												

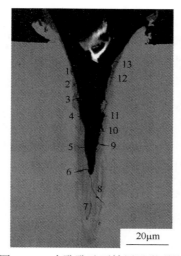

图 1-40　小孔孔壁再铸层及微裂纹

1.5　激光加工小孔特征参量检测及性能评估方法

1.5.1　激光加工小孔特征参量检测方法

其主要有无损检测和剖切试样检测两种方法。无损检测方法无需对工件和小孔进行破坏,主要用于检测孔口状况,如毛刺,表面飞溅物,圆度,小孔出、入口孔径及锥度状况。孔口状况的检测方法包括直接目视观察、光学放大观察。图1-41所示为光学放大观察拍摄的小孔出、入口孔形,飞溅物状况及测量的孔径。

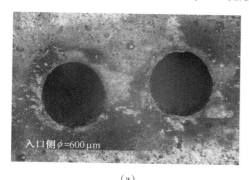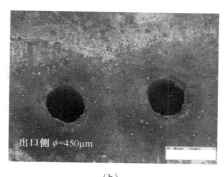

(a)   (b)

图1-41　光学放大观察的小孔出、入口孔形,飞溅物状况及测量的孔径
(a)入口孔;(b)出口孔。

孔径的测量有两种方法:光学放大测量和标准塞规测量。

光学显微放大测量不适合在线测量,尤其不适合在具有内腔结构工件的外表面上加工的通孔,由于背面不透光而很难测量小孔出口孔径。该测量方法精度高,可以较精确地确定小孔不同深度处大端、小端直径以及相应的圆度及误差,见图1-42。

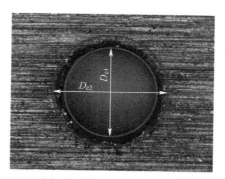

图1-42　孔径测量示意图

标准塞规测量采用塞规插入法测量。一般只测量孔出口孔径,而且是最小端孔径。由于标准塞规配置并非涵盖全部尺寸,而且小孔并非理想圆度,所以测量精度较低,检测的结果多是出口的孔径范围,检测标准主要依据孔径加工公差要求确定。

例如,加工0.38mm孔径的孔,孔径公差要求在±0.03mm内,在检测标准中一般规定要求0.35mm孔径的塞规通过,而0.4mm的塞规不通过。如果公差要求为0~0.06mm,则需要有0.38mm孔径的塞规,但通常厂家不提供,只能特制。如没有特制塞规,通常解决的办法是在标准中规定保证 0.4mm 孔径的塞规紧过,0.45mm 孔径的塞规不过。

为了检查、判断在叶片上制孔的通堵、加工倾角等状况,可以采用水流试验,通过特殊设计的工装及配置的水源,使水以一定压力从叶片内腔通过加工的小孔喷射出去,从而可以更直观地检查小孔是否通畅,并以此判断从小孔中喷射气流的喷射方向。

除了测量、检测孔径,必要时还需要采用无损检测方法测量孔周边的弹性模量及硬度变化,以分析激光加工小孔对材料性能可能造成的影响。

通常用纳米压痕技术来测量小孔周边的硬度、弹性模量。纳米压痕技术也称为深度敏感压痕技术,它通过计算机程序控制载荷发生连续变化,实时测量压痕深度,由于施加的是超低载荷,监测传感器具有 1nm 的位移分辨率,所以,可达到小到纳米级的压痕,可以在纳米尺度上测量小孔边缘材料的力学性能。图 1-43 所示为采用激光加工小孔试样材料利用纳米压痕技术测量的示意图。共测量了 6 个区域,其中小孔周围和基体的区域各 3 处。测量时,在这 6 个区域中使用纳米压痕仪连续测量载荷和位移,根据相关的力学模型,对载荷-位移数据进行分析,从而得到材料的弹性模量和硬度。

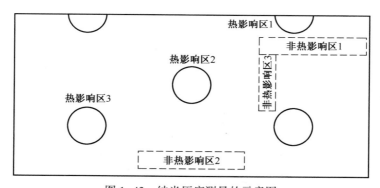

图 1-43　纳米压痕测量的示意图

图 1-43 中,热影响区 1 为孔周 1 区,热影响区 2 为孔周 2 区,热影响区 3 为孔周 3 区,非热影响区 1 为基体 1 区,非热影响区 2 为基体 2 区,非热影响区 3 为基体 3 区。

弹性模量是工程材料重要的性能参数,是衡量物体抵抗弹性变形能力大小的尺度,一般工程应用中都把弹性模量作为常数。图 1-44(a)、(b)分别给出了试验中通过载荷-位移曲线得到的孔周及基体各个区域的弹性模量及其平均值,为孔周 3 个测量区的弹性模量及其平均值与基体 3 个测量区的弹性模量及其平均值。

试样镍基单晶合金 DD6[001]取向的弹性模量在室温时为 131.5GPa,通过纳米压痕试验测得其弹性模量为 130GPa,误差仅为 1.1%,这说明测量误差是很小的;而孔周测得的弹性模量为 101GPa,与基体部位的弹性模量相差 28.7%,这说明小孔孔周的化学成分和微观结构与基体区域相差较大。

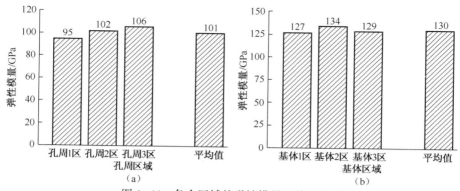

图 1-44　各个区域的弹性模量及其平均值

硬度是衡量金属材料软硬程度的一项重要性能指标,它既可理解为材料抵抗弹性变形、塑性变形或破坏的能力,也可表述为材料抵抗残余变形和反破坏的能力。图 1-45(a)、(b)分别给出了试验中通过载荷-位移曲线得到的孔周及基体各个区域的硬度及其平均值,为孔周 3 区的硬度及其平均值与基体 3 区的硬度及其平均值。

由此可以发现,小孔周围的平均硬度为 538HV(此处采用维氏硬度),而基体区域的平均硬度为 660HV,两者相差 22.7%。

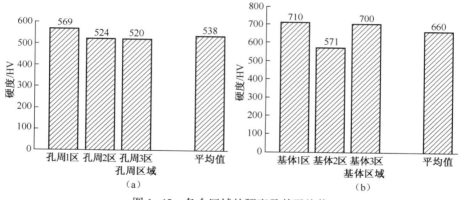

图 1-45　各个区域的硬度及其平均值

剖切检测方式通常需要采用破坏试样实现,主要用于检测孔壁组织情况,如小孔纵截面、横截面的再铸层、热影响区,微裂纹状况。当然,也可以用于进一步分析、检测孔的圆度、锥度、孔内壁表面状况,如表面粗糙度等,同样可以分析孔壁微观组织、结构及成分变化。

检测方法包括光学显微镜分析、扫描电镜分析和透射电镜分析。

1. 光学显微镜分析

光学显微镜(OM)是最常用也是最简单的观察材料显微组织的工具。它是利用光学原理,把人眼所不能分辨的细小物体放大成像。在激光加工小孔中它能直观地反映制孔样品的微观形态(如形貌、再铸层、微裂纹等),其分辨率约为200nm,最大放大倍率约1000倍。图1-46所示为毫秒激光冲击加工小孔试样经抛光腐蚀后横剖面金相照片,可以看出孔壁边缘存在再铸层和微裂纹。

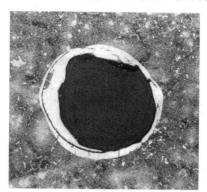

图1-46　毫秒激光冲击加工小孔横剖面金相照片

2. 扫描电子显微镜分析

扫描电子显微镜(SEM)是利用细聚焦电子束在样品表面扫描时激发出来的各种物理信号来调制成像的。其放大倍数可以从数倍原位放大到20万倍左右。在激光加工小孔中主要用于分析小孔样品表面形貌、抛光腐蚀后的金相表面。图1-47(a)所示为纳秒激光加工小孔后入口的电镜照片,可以看出孔口有大量熔化飞溅物,其分辨率及立体感远好于光学金相照片。图1-47(b)所示为经抛光腐蚀后孔壁再铸层和热影响区的电镜照片,可以观察到孔边缘再铸层结构,再铸层不均匀且很疏松,而邻近基体的热影响区则分布着极其细密的 γ' 相。

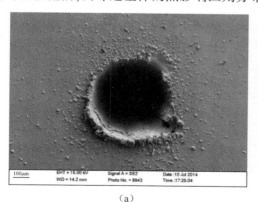
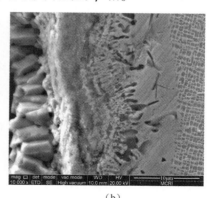

(a)　　　　　　　　　　　　　　　　(b)

图1-47　纳秒激光加工小孔入口及孔边缘纵截面形貌

(a)孔入口;(b)孔纵截面。

另外,由于扫描电子显微镜的景深比光学显微镜大,也可以通过对小孔剖切后的试样使用光学放大镜观察孔内壁状况以及显微断口分析,图1-48所示为激光加工陶瓷材料孔内壁再铸层及微裂纹状况。

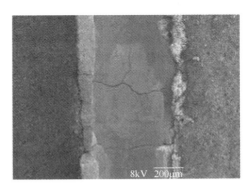

图1-48　激光加工陶瓷材料孔内壁再铸层及微裂纹状况

3. 透射电子显微镜分析

透射电子显微镜(TEM)是采用透过薄膜样品的电子束成像来显示样品内部组织形态与结构。因此,它可以在观察样品微观组织形态的同时,对所观察的区域进行晶体结构测定。其分辨率可达 10^{-1} nm,放大倍数可达 10^6 倍。图1-49 所示为飞秒激光加工小孔边缘的衍射图像和晶体的衍射斑点。分析结果可知,飞秒激光在镍基单晶合金上加工小孔边缘有一定的位错聚集,但其晶体结构与基体相同。

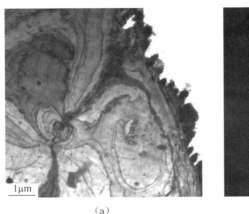
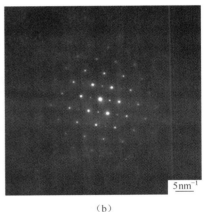

(a)　　　　　　　　　　　(b)

图1-49　飞秒激光加工小孔边缘的衍射图像及衍射斑点
(a)衍射图像;(b)衍射斑点。

4. 能谱分析仪

能谱分析仪(EDS)主要进行成分分析,其原理是用细聚焦电子束入射样品表面,激发出样品元素的特征 X 射线,分析特征 X 射线的特征能量,然后利用不同元素 X 射线光子特征不同这一特点进行成分分析。图1-50 所示为毫秒激光加工小孔纵剖面的线扫描分析结果,可以清楚地看出,孔壁再铸层中 Al 含量明显高于基体而 Ni 含量明显降低。

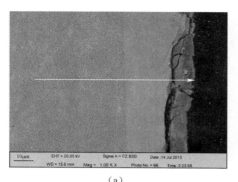
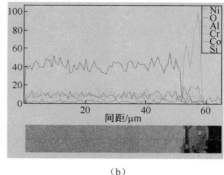

（a）　　　　　　　　　　　　　　　　　（b）

图 1-50　毫秒激光加工小孔纵剖面的线扫描分析

(a)形貌照片；(b)成分分析。

5. X 射线探伤

X 射线探伤是利用 X 射线在穿透被检物各部分时强度减弱的不同,检测被检测物中缺陷的一种无损检测方法。在激光加工小孔中,通常用来检测激光加工小孔后对复杂结构工件内腔对面壁的损伤程度,并判断加工小孔位置是否准确。图 1-51 清楚地展示了叶片的内腔结构及孔的位置,由图片也可以判断图中加工的3 排孔并未对内腔壁面产生损伤。

图 1-51　叶片内腔结构及孔分布 X 射线探伤照片

1.5.2　性能评估方法

小孔性能的分析主要考察以下两个方面。

① 针对使用要求考察小孔性能,例如考察小孔作为叶片气膜孔的冷却效果,需要检测小孔流量、降温效果等,小孔作为喷油嘴小孔,需要考虑喷射油气效果,如喷射角、喷射距离等。

② 考察小孔可能造成的对材料或零件力学性能和可靠性的影响,尤其是疲劳性能、热冲击性能、持久强度、蠕变性能等,例如,气膜冷却孔的存在必将导致叶片结构的不完整性及其对叶片强度和寿命造成的不利影响。

以下是针对航空发动机叶片高温合金材料激光加工小孔对材料性能影响的主要试验内容及试验参数。试验方法及参数主要根据发动机运转时其部件的受载、工作环境等特点选用,采用带小孔的薄壁平板标准试样完成。

1. 疲劳试验

疲劳失效发生时,其断裂应力水平往往低于静载荷下材料的抗拉强度或屈服强度。由于这种失效形式常发生在应力或应变循环长期重复的作用下,故称为疲劳。为了方便研究,按破坏循环次数的高低将疲劳分为低周疲劳和高周疲劳,低周疲劳是指作用于零件、构件的应力水平较高,破坏循环次数一般低于 $10^3 \sim 10^4$ 的疲劳。高周疲劳是指在低于其屈服强度的循环应力作用下,经 $10^3 \sim 10^4$ 以上循环次数而产生的疲劳。其特点是作用于零件、构件的应力水平较低。

试验标准参照金属力学性能试验方法国家标准《金属轴向疲劳试验方法》（GB/T 3075—1982）。疲劳试验在液压伺服高温或室温疲劳试验机上完成。图 1-52 和图 1-53 分别为典型的小孔疲劳试样设计及实物照片。

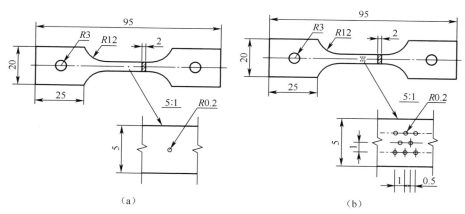

图 1-52　小孔模拟试样的几何尺寸

（a）带单个小孔平板试件;（b）带多个小孔平板试件。

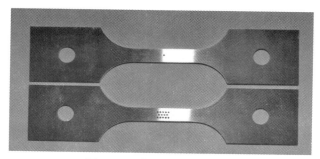

图 1-53　薄壁平板试样实物

1）低周疲劳试验

高温条件下,高温合金低周疲劳试验的典型参数见表1-6。

表1-6 带小孔薄壁平板试样高温低周疲劳试验参数

温度/℃	最大应力/MPa	频率/Hz	应力比 γ
900	640	3	0.1

低周疲劳试验采用应力控制模式加载(图1-54),波形为三角波,频率为3Hz。试验过程中要求记录试样断裂寿命、循环数和载荷等原始数据。

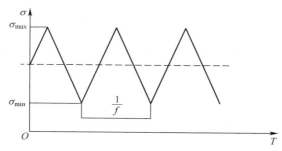

图1-54 疲劳试验典型的三角波载荷谱

2）高周疲劳试验

高周疲劳试验也采用应力控制模式加载(图1-54),波形为三角波,但频率为90~100Hz。试验过程中记录试样断裂寿命、循环数和载荷等原始数据。单晶高温合金低周疲劳试验的典型参数见表1-7。通常,试样采用标准试样,在给定应力比 γ 的前提下进行,根据高周疲劳不同应力水平的试验结果,以最大应力 σ_{max} 或应力幅 σ_a 为纵坐标,疲劳寿命 N 为横坐标绘制 $S-N$ 曲线。疲劳强度是表征材料疲劳行为的重要参数,它是指材料在无限多次交变载荷作用下而不会产生破坏的最大应力,一般试验时规定金属材料经受 $10^7 \sim 10^8$ 交变载荷作用时不产生断裂时的最大应力。表征材料疲劳行为的另一重要参数为疲劳寿命 N_f,定义为在指定应力下,疲劳断裂的循环次数。失效判据:失效断裂或开裂失效,断裂位置应位于标距段内或最大应力截面。

表1-7 带小孔高温合金薄壁平板高周疲劳试验典型参数

温度/℃	最大应力	频率/Hz	应力比 γ
980	根据 $S-N$ 曲线取得	90~100	0.1

2. 蠕变试验

蠕变就是固体材料在保持应力不变的条件下,应变随时间延长而增加的现象。它与塑性变形不同,塑性变形通常在应力超过弹性极限之后才出现,而蠕变只要应力的作用时间相当长,它在应力小于弹性极限施加的力时也能出现。许多材料在一定条件下都会表现出蠕变的性质。

试验标准参照金属力学性能试验方法国家标准《金属高温拉伸蠕变试验方法》(HB 5151—1996)。所有蠕变试验在专业厂家制造的拉伸蠕变试验机上完成。

图 1-55 和图 1-56 分别为典型的小孔蠕变试样实物照片及设计图。

图 1-55 典型的小孔蠕变试样实物照片

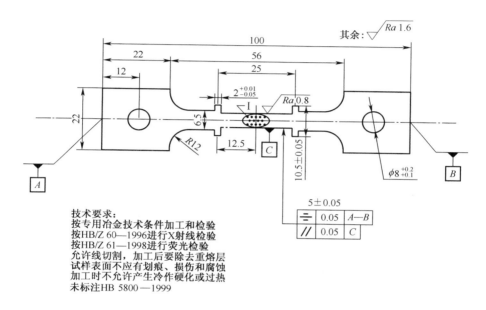

技术要求:
按专用冶金技术条件加工和检验
按HB/Z 60—1996进行X射线检验
按HB/Z 61—1998进行荧光检验
允许线切割,加工后要除去重熔层
试样表面不应有划痕、损伤和腐蚀
加工时不允许产生冷作硬化或过热
未标注HB 5800 —1999

图 1-56 典型的小孔蠕变试样设计图

高温条件下,高温合金蠕变试验的典型参数见表 1-8。图 1-57 所示为蠕变加载示意图。

表 1-8 带小孔高温合金薄壁平板蠕变试验典型参数条件

温度/℃	应力/MPa	数量/个
950	377	5

3. 蠕变-疲劳交互作用试验

航空发动机的高温涡轮叶片和燃气轮机的热端部件,长期在高温环境下工作,不仅经受蠕变载荷,还经受热疲劳的作用,由于蠕变和疲劳交互作用引起的损伤称蠕变疲劳。

试验标准为《金属材料轴向等幅低循环疲劳试验方法》(GB/T 15248—1994)。试验需要在液压伺服高温疲劳试验机上完成。其试验试样与疲劳试样基本相同。

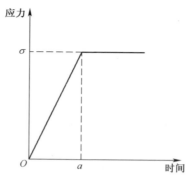

图 1-57　蠕变加载示意图

在高温条件下,高温合金蠕变-疲劳交互作用试验的典型参数见表 1-9。图 1-58 所示为蠕变-疲劳交互作用试样加载示意图。

表 1-9　带小孔高温合金薄壁平板循环蠕变交互作用试验典型参数

温度/℃	最大应力/MPa	应力比 γ	加载/卸载/s	保载/s
950	400	0.1	15	15

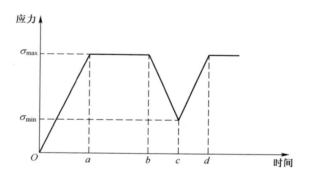

图 1-58　蠕变-疲劳交互作用加载示意图

4. 高温持久强度试验

持久强度是金属材料、机械零件和构件抗高温断裂的能力,常以持久极限表示,试样在一定温度和规定的持续时间下,引起断裂的应力称为持久极限,它是通过高温持久试验来测定的。持久试验方法是保持某一恒定温度:首先对一组试样分别选取不同的应力进行试验直到断裂为止,得出一组试验持续时间;其次在双对数坐标系上画出应力与持久时间的关系曲线,并用外推法或内插法求出规定时间下的应力,即持久强度。

试验标准参照《金属拉伸蠕变及持久试验方法》(GB/T 2039—1997)为依据进行试验的。高温持久试验需要在专业厂家制造的高温疲劳试验机上完成。图 1-59 和图 1-60 分别为典型的小孔高温持久试样设计图及实物照片。

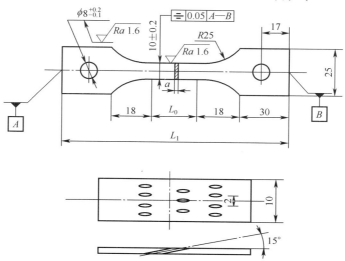

图 1-59 带多斜孔的薄壁平板高温持久试样设计图

图 1-60 高温合金带小孔薄壁平板高温持久试样实物

高温条件下,高温合金持久试验的典型参数见表 1-10。图 1-61 所示为持久试样加载示意图。

表 1-10 带小孔高温合金薄壁平板高温持久试验典型参数

温度/℃	不同应力	数量/个
850	根据持久曲线取得	5

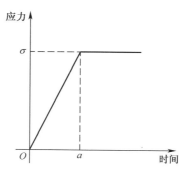

图 1-61 持久试样加载示意图

5. 热循环试验

热循环试验的目的是鉴定构件在工作温度较大的规律性波动范围内的承受能力。在激光加工航空发动机热端部件气膜孔应用中,该试验目的主要是模拟热端部件热循环的工作条件,分析该环境下可能造成对小孔形貌的影响或小孔存在可能造成的对工件本身性能的影响,如激光在带热障涂层的工件上制孔,在热循环工作环境下,小孔可能是导致涂层脱落的主要因素。该试验的实质是考察小孔本身承受热循环环境的能力。图 1-62 所示为模拟发动机燃烧室火焰筒工作环境的热循环试验温度-时间关系曲线。

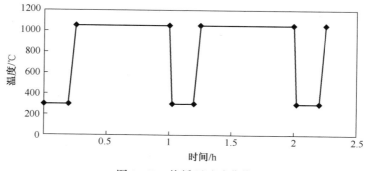

图 1-62　热循环试验曲线

<h1 style="text-align:center">参 考 文 献</h1>

[1] Corcoran A,Sexton L,Seaman R, et al. The laser drilling of multi-layer Rene80 and X40 material systems[C]. Congress Proceedings of Section B-ICALEO,Orlando,2000.

[2] Karnakis D. Laser microdrilling in industrial applications[Z]. Oxford Lasers Ltd.

[3] Dury N, Dürr U. Drilling of high-aspect holes with microsecond pulsed high-power Nd:YAG and long-pulse single mode lasers[C]. Congress Proceedings of ICALEO,Miami,2013.

[4] Rekow M,Murison R.对太阳能电池的高速激光钻孔[Z].Industrial Laser Solutions(中文版),2012.

[5] Dürr U. Laser drilling in industrial use[J]. Laser Technik Journal,2008,5(3):57-59.

[6] Phipps C R. Laser applications overview:The state of the art and the future trend in the United States[C]. RIKEN Review:Focused on Laser Precision Microfabrication (LPM 2002), Osaka,2002.

[7] Delmdahl R, et al. High density through glass vias for advanced chip packing[C]. Congress Proceedings of ICALEO,Miami,2013.

[8] Föhl C, Dausinger F. High precision laser drilling with ultra short pulses-fundamental aspects and technical applications[C]. Proceedings of the 2nd Pacific International Conference on Application of Lasers and Optics,New York,2006.

[9] Feng Q,Picard Y N,Liu H,et al. Femtosecond laser micromachining of a single-crystal superalloy [J]. Scripta Materialia,2005,53:687-695.

［10］Booth H J. Recent applications of pulsed lasers in advanced materials processing［J］.Thin Solid Films, 2004,453:450-457.

［11］Feng Q,Picard Y N,McDonald J P,et al. Femtosecond laser machining of single-crystal superalloys through thermal barrier coatings［J］. Materials Science and Engineering, 2006 (430): 203-207.

［12］王鸣,董志国,张晓越,等. 连续纤维增强碳化硅陶瓷基复合材料在航空发动机上的应用［J］.航空制造技术,2014(6):10-13.

［13］Hoult T. What can lasers do with composites? ［J］. Industrial Laser Solutions for Manufacturing, 2014,9:6-13.

［14］Schrauf H G,Horstmann K H. simplified hybrid laminar flow control［C］. European Congress on Computational Methods in Applied Sciences and Engineering,Jyvaskyla,2004.

［15］额日其太,沈遐龄,刘火星,等.飞机层流控制技术及其在大型运输机上的应用［C］//中国航空学会 2007 年学术年会论文集,北京,2007.

第2章 激光加工小孔机理及工艺方法与影响因素

从激光与材料作用的本质分析,激光加工小孔过程实际上是光波的电磁场与物质相互作用的结果。物质吸收激光后首先产生的不是热,而是某些质点的过饱和能量、自由电子的动能、束缚电子的激发能等,经过弛豫过程(受激粒子运动的空间和时间随机化和能量在各质点间的均布),光能迅速转化为热能。

由于激光脉冲宽度不同、波长不同、强度不同,材料本身物理特性不同,激光与材料的作用机理也不尽相同。

前述激光加工小孔通常包括毫秒或数百微秒脉冲宽度激光加工小孔、纳秒脉冲宽度激光加工小孔以及皮秒、飞秒脉冲宽度激光加工小孔等。飞秒、皮秒激光又称为超短脉冲激光(Ultrashort Pulse Laser)或超快激光(Ultrafast Laser)。相较超短脉冲激光,纳秒、微秒、毫秒激光被称为长脉冲激光。准分子激光属于纳秒脉冲激光,由于波长为紫外波段,激光束聚焦后光子能量较高,与高分子材料作用具有特殊性。

激光加工小孔的结果不仅与不同波长、不同脉冲宽度激光以及不同特性材料的作用机理密切相关,而且取决于加工小孔工艺的方式及其相应的工艺参量,尤其是激光束本身参量及聚焦后参量。通过改进激光束参量,如聚焦光斑形状、脉冲结构等,另外,采取辅助工艺条件,如辅助吹气、超声振动甚至复合加工的方式等,可以进一步提高加工小孔的效果与质量。

本章基于激光加工小孔机理的简要介绍,重点阐述激光加工小孔的工艺方法及其影响因素,最后介绍了几种典型的改进激光加工小孔性能及质量的方法。

2.1 不同激光加工小孔机理

2.1.1 长脉冲激光加工小孔机理

长脉冲激光加工小孔作用机理见图2-1。以金属材料为例,激光加工小孔具体过程可以分为以下4个阶段。

(1)能量吸收。在该阶段聚焦的激光束入射到金属表面,金属吸收激光,入射光子一部分穿透金属表面传递能量给材料表面的电子,这个过程约需要 10^{-15} s,被激发的电子通过热平衡把能量传输给晶格,这个过程约需要100fs至几皮秒的时间,对于半导体材料或绝缘材料,根据材料不同,这个过程需要几十皮秒甚至几百皮秒,然后经过晶格的碰撞,能量向材料内部扩散。

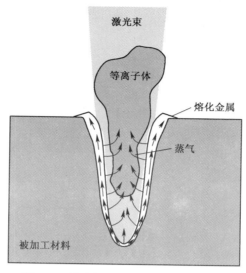

图 2-1　激光加工小孔作用原理示意图

（2）表面熔化。如果激光强度充分和作用时间足够长,金属表面层被加热,迅速超过熔点开始熔化。同时伴随着热量向激光作用的周边区域和更大深度的进一步扩散。

（3）蒸发。如果激光强度足够高,熔化的表面开始气化产生金属蒸气。在更高的激光强度条件下,金属蒸气被加热到一定温度时会产生高温、高压等离子体。

（4）熔融物、气化物、等离子体喷射飞溅。金属材料在短时间内的迅速熔化、蒸发甚至转变为等离子体,瞬时产生的高压使气体迅速膨胀而形成剧烈爆炸性冲击气流,导致大部分熔融物、气化物、等离子体被猛烈喷射飞溅出材料表面或已形成的凹坑并最终形成小孔。

由此可见,通常激光加工小孔过程主要是通过聚焦后高能量密度的激光(功率密度应大于 $10^5 \mathrm{W/cm^2}$)与材料作用,使材料在极短时间内受热熔化、气化,并瞬时产生爆炸性冲击气流,从而把大多数气化及熔化材料迅速溅射出去形成小孔,但一部分未能溅射出去而残留的熔融物不可避免会围绕孔壁重新凝固形成再铸层。

由于激光加工小孔的区域很小,约为亚毫米级,且激光作用在瞬间完成,对周围的热影响不大。因此,在基体与熔融物之间存在极大的温度梯度,从而导致在熔融物快速冷却过程中,熔融物与基体之间、熔融物本身有很大的热应力。因此,在枝晶间较薄弱的地方极易产生微裂纹;与此同时,也由于冷却速度过快,不平衡冷却条件下,固、液相扩散困难,枝晶偏析严重,液体的流动性差,被分割包围在枝晶间的液体在凝固收缩时,因得不到液体补充而易在枝晶交界处形成微裂纹,图 2-2所示为激光加工小孔在再铸层内及孔壁表面产生的微裂纹。

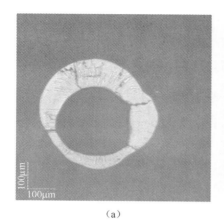

（a）　　　　　　　　　　　　（b）

图 2-2　　激光加工小孔在再铸层内及孔内壁表面产生的微裂纹照片

（a）孔横截面金相照片；（b）孔壁表面微观形貌。

　　再铸层和微裂纹是表征小孔质量的主要因素之一，也是激光加工小孔技术研究、应用关注的重要问题。显然，加工小孔过程产生的熔融物越少，气化物越多，再铸层越薄，产生微裂纹的可能性越小。

　　长脉冲激光加工小孔过程实质上是激光在材料上的热作用过程，激光和材料相互作用存在着多种不同的能量转换过程，如反射、热传导损耗、吸收、熔化、气化、再辐射、热扩散、形成小孔和等离子体云等，可以简单地描述为图 2-3。

　　因此，激光加工小孔机理研究可以采用经典的热传导模型进行计算、模拟分析，从而对激光加工小孔所包含的热物理过程，如传热、相变、质量传输、流体流动、等离子体形成等及其各物理过程之间复杂的耦合关系进行系统研究，详见第 3 章。

　　理论分析表明，采用更高功率密度的激光加工小孔，可以有效地减薄再铸层厚度。依据如下：假定激光为点热源，根据瞬时热源对无限大薄板加热的热传导经典公式，而且如果激光加热持续的时间足够长，熔化去除过程趋于动态平衡，激光与材料热作用产生的熔化层厚度可以表述为[1]

$$T = \frac{D\alpha}{P}\ln\left(\frac{C}{B}\right) \tag{2-1}$$

式中：p 为激光功率密度；α 为材料的导温系数；B、C、D 为与材料物理性质有关的常数。显然，激光功率密度越高，激光与材料作用时产生的熔化物越少，相应导致再铸层厚度越薄。而脉冲激光功率密度的值可由式（2-2）表述[2]，即

$$p = \frac{4E}{\pi T_i (f\theta)^2} \tag{2-2}$$

式中：E 为激光脉冲能量；T_i 为激光脉冲宽度；f 为焦距；θ 为光束发散角。很明显，脉冲宽度越窄，功率密度越高。因此，采用更窄脉冲宽度的激光加工小孔成为减薄再铸层、提高成形质量的主要技术途径之一。

　　但是，当激光功率密度过高时，将致使空气被击穿而形成等离子体，从而使得

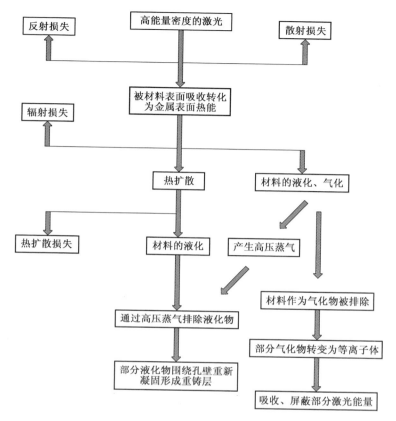

图 2-3　激光加工小孔与材料作用过程及能量分布

到达材料表面的激光功率很小,无法进行制孔加工。因此,一般长脉冲激光聚焦后的激光功率密度不应超过 $10^{10}\,W/cm^2$。

2.1.2　超短脉冲激光加工小孔机理

超短脉冲激光由于作用时间非常短,脉冲峰值功率极高,可以达到吉瓦($10^9\,W$)甚至几千太瓦($10^{12}\,W$)。因此,聚焦后功率密度极高,可以很容易达到 $10^{12}\,W/cm^2$ 以上甚至 $10^{22}\,W/cm^2$,而通常毫秒、纳秒激光加工小孔的激光功率密度为 $10^5 \sim 10^9\,W/cm^2$。

由于激光作用时间超短、功率密度极高,激光加工小孔过程中材料作用机制与长脉冲激光明显不同。

前述激光在与金属材料作用过程中,能量首先传输给电子,电子把能量传输给晶格,然后在晶格内部经过原子晶格的碰撞,能量向材料内部扩散。这个过程中,电子对光子的吸收需要约 $10^{-15}\,s$,吸收的能量向晶格中传输大约需要 $100fs$ 至几皮秒的时间。因此,超快激光由于作用时间超短,从根本上避免了热扩散。由于超短脉冲激光非常高的瞬时功率,使作用区域温度瞬间急剧上升,远远超过熔点、沸点,材料高度电离,使之处于高温、高压、高密度等离子体状态。又由于光电场强度比原子内部库仑场高数倍,材料内部原有束缚力已不足以遏制离子、电子的迅速膨胀,最终使材料以等离子体形式喷发并去除,而且几乎带走了全部热量,从而实现"冷加工"。图 2-4 更清晰地比较了长脉冲激光与超短脉冲激光在金属材料上加工小孔机理的异同。

由此可见,超短脉冲激光理论上仅经过自由电子和价电子能量吸收,能量传至晶格,破坏结合键,然后材料以等离子体喷发的形式被去除。而超短脉冲激光与半导体、绝缘材料作用机理最大的不同在于首先需要通过太瓦级功率密度的超短脉冲激光与半导体、绝缘材料作用。通过非线性吸收效应,主要是多光子吸收、隧道、雪崩等离子化效应使之产生足够密度的自由电子,然后再通过图 2-3 所示过程实现材料的去除。这也意味着超短脉冲激光去除半导体、绝缘体材料需要更高的激光能量密度。

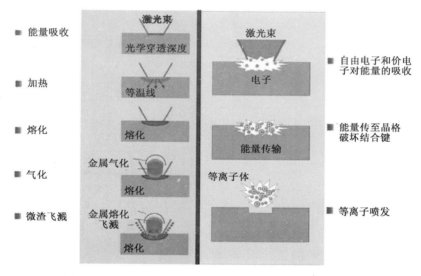

图 2-4　长脉冲激光和超短脉冲激光与材料作用机理比较

也正是由于超短脉冲激光与材料作用机理的不同,超短脉冲激光加工小孔具有与其他激光加工小孔不同的特点,简述如下。

1. 加工过程为非热熔性、能量利用率极高

几乎不产生热扩散,即使对于热扩散系数大的金属,当脉冲宽度为 100fs 时,激光照射产生的热扩散长度也只有 1nm,所以基本可以忽略热扩散问题,绝大部分激光能量被用于材料去除。

更短的脉冲激光还可以完全避免等离子体对激光的屏蔽效应。由于激光等离子体从表面向外侧膨胀时的膨胀速度约为 10^4m/s,如果使激光脉冲宽度在 100fs 以下,很明显,在等离子体膨胀之前,激光照射即已停止,从而避免了等离子体屏蔽。

2. 加工结果具有极高的精确性

由于非热熔性,不会对周边产生热致损伤,作用区域周边几乎无飞溅物产生,因此,加工质量、尺寸精度非常高,可以达到微米甚至亚微米精度。

另外,激光光束光强在空间呈高斯分布或类高斯分布,聚焦光斑的能量分布不均匀,使得光斑内的光强分布存在很大的梯度,聚焦到材料上的激光强度 I_p 是位置 x 和时间 t 的函数。如果控制超快激光光斑的光强,即在中心区域超过多光子吸收阈值,而在其他区域光强低于多光子吸收阈值。通过该方法可以实现超快激光加工小于聚焦光斑尺寸的加工精度,也就是可以实现加工小于衍射极限的尺寸。

3. 加工材料不受限制

几乎可以加工任何材料,包括聚合树脂、复合材料、透明材料(熔融石英、玻璃)、易燃材料(爆炸物),甚至可以实现生物组织的无创伤去除,该特点已用于医疗手术,如视力矫正、无痛牙科治疗等。

2.1.3 准分子激光加工小孔机理

如1.3节所述,准分子激光器与其他激光器最大的不同在于,激光波长位于紫外波段,常用准分子激光器的波长为157~351nm。

由激光光子能量公式 $\Delta E = E_2 - E_1 = h\nu$,其中 h 为普朗克常量,而激光的波长 $\lambda = c/\nu$,即光速 c 除以频率 ν,可见,波长越短,光子能量越大。由于准分子激光波长很短,所以激光束中单光子的能量比某些材料的分子束缚能高很多,尤其是塑料、聚酰亚胺等高分子聚合物及有机物等,准分子激光聚焦到此类材料上,光子的能量可以打断分子键而不是加热材料,实现与超快激光作用不同的"冷加工"效应。

因此,高光子能量的准分子激光通过直接破坏材料的化学键,使材料以小颗粒或者气态的方式排出。紫外激光与材料的相互作用区域,绝大部分能量被材料吸收,导致被分解的材料碎屑以很高的速度从工件直接喷出,因此热效应极小。

2.2 激光加工小孔的工艺方法与影响因素

2.2.1 激光加工小孔的工艺方法

激光加工小孔一般采用脉冲激光,加工圆柱形孔的加工方式主要有冲击加工小孔及旋切加工小孔两种方式,冲击加工小孔又被分为单脉冲激光冲击加工小孔和多脉冲激光冲击加工小孔,旋切加工小孔分为通常旋切加工小孔及螺旋线旋切加工小孔,见图2-5[3]。

一般而言,冲击加工小孔特点是激光加工小孔过程中,激光和零件都固定不动,通过脉冲能量、光斑大小控制孔径,通过脉冲次数控制加工深度,速度快、效率高,但加工孔径受限制,精度低,孔形、孔壁质量差,而旋转切割加工小孔效率相对较低,但可加工孔径范围大、加工精度高、质量更好。

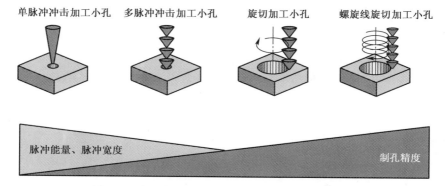

单脉冲冲击加工小孔　多脉冲冲击加工小孔　旋切加工小孔　螺旋线旋切加工小孔

脉冲能量、脉冲宽度　　　　　　　　　　　　　　　制孔精度

图 2-5　激光加工小孔的 4 种主要方式及加工特点

其中冲击加工小孔一个特殊应用方式是飞行加工小孔。该方法主要适用于大量规格相同、规律分布的小孔加工,特别是回转体。原理见图 2-6[4]。在加工小孔过程中,零件不停顿地高速运动,激光对一个孔位仅作用一个脉冲后,无论孔是否打通,工件都利用激光脉冲间隙快速运动(移动或转动)到下一个孔位,如此经过多次循环对同一位置进行多次冲击,直至所有脉冲作用孔位的孔被穿透成孔。

冲击加工小孔也可以加工非圆柱形孔,图 2-7 所示为采用冲击方式加工梯形孔示意图,激光光斑本身为方形光斑,如采用板条晶体的脉冲 YAG 激光器,如图 2-8 所示。与棒状 YAG 晶体相比,其光斑输出为方形,而非圆形[4]。准分子激光器输出的紫外激光通常也为方形光斑。

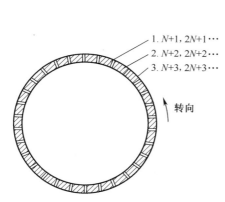

1. $N+1, 2N+1\cdots$
2. $N+2, 2N+2\cdots$
3. $N+3, 2N+3\cdots$

转向

图 2-6　回转体飞行制孔

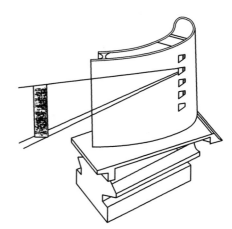

图 2-7　方形激光束冲击方式直接
加工异型孔示意图

冲击方式加工圆柱形、其他形状孔也可以采用掩模透光再聚焦的方式,见第 7 章中图 7-3,针对拟加工孔形状制作相应透光孔形状的掩模模板,但该方式更适用于加工深度较浅小孔的应用,且在深度方向轮廓基本一致。

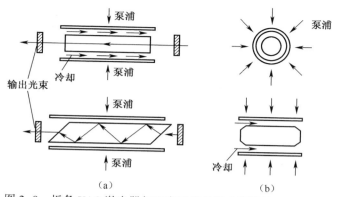

图 2-8 板条 YAG 激光器与通常圆棒状激光器结构对比示意图

(a)板条 YAG 激光器;(b)通常棒状激光器。

针对圆柱形孔旋切法加工的实现途径如下。

方式 1:工件或激光加工头固定于 $X-Y$ 数控移动机构,通过 X 轴、Y 轴插补运动形成圆周路径。

方式 2:工件固定不动,通过激光束偏轴旋转运动实现圆周路径移动。

图 2-9 展示了方式 2 的两种实现形式。图 2-9(a)所示为通过双楔形镜使激光偏离原传导中心轴,双楔形镜整体绕原中心轴旋转即可实现旋切制孔,通过调节双楔形镜间距即可改变旋转半径,图 2-9(a)中 C 即为可调节间距并具有整体旋转功能的双楔形镜组,由楔形镜 1、2 组成;图 2-9(b)所示为方形棱镜倾斜角度实现激光偏离原激光传导中心轴,聚焦镜及方形棱镜整体绕激光原入射中心轴旋转而实现旋切加工,调整方形棱镜倾角,即可改变旋转半径。

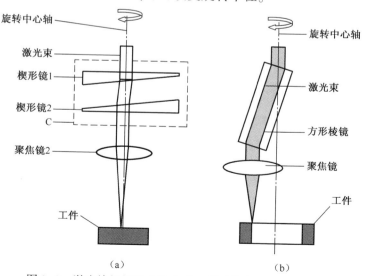

图 2-9 激光旋切加工小孔方式 2 的两种实现形式示意图

(a)调节双楔形镜间距;(b)调节方形棱镜倾斜角度。

方式 3:激光束通过 $X-Y$ 扫描振镜偏转联动实现圆周轨迹运动。

采用振镜扫描方式以及零件或激光束移动方式,类似于切割加工,同样可以加工异型孔,此类异型孔在深度方向轮廓需要基本一致。

激光加工小孔过程中,辅助吹气非常关键。辅助吹气除了避免加工过程产生的飞溅物污染光学镜片,更重要的,可以更有效地将熔融物、气化物从孔内排出,尤其是激光加工高温合金等金属材料,辅助吹氧气会产生氧气与熔融金属的氧化助燃效应,有助于提高加工效率及质量。图 2-10 所示为具备辅助吹气功能的激光加工头结构示意图,聚焦镜下需要配置通常为锥形的同轴辅助吹气喷嘴,为了避免较昂贵的聚焦镜因飞溅物污染报废,聚焦镜与喷嘴之间安装价格相对便宜得多的防护玻璃,损耗后易于更换。

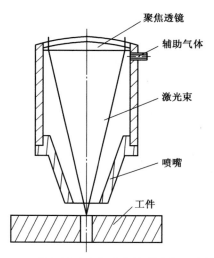

图 2-10　具备辅助吹气功能的激光加工头结构

随着激光加工小孔技术的发展,激光源采用了纳秒激光、超短脉冲激光,由于脉冲能量小,如目前材料加工用纳秒激光仅几个毫焦,而皮秒、飞秒激光甚至不足 1mJ,比毫秒激光焦耳量级的脉冲能量小得多,通常的旋切加工、冲击加工在加工较大深度小孔时,去除率急剧下降。

解决该问题的措施之一是采用多个同心圆旋切加工的方式(图 2-11),该方式定义为填充加工方式。设置参数包括同心圆的数量、间隔、最小和最大圆直径等。

另外,纳秒、超短脉冲激光等高频、小能量激光的出现,也为采用激光逐层去除加工三维结构的异型孔提供了可行性,即深度方向轮廓不一致,且轮廓尺寸上大下小,此类异型孔的加工更多采用填充加工方式,图 2-12 所示为叶片上典型结构异型孔加工路径设置示意图。

由于激光束聚焦加工的固有特点,小孔深度较大时,激光平行于孔轴线方向旋切加工小孔会产生较大的锥度,见图 2-13。

为了克服激光加工小孔,尤其是脉冲能量较小的纳秒、皮秒激光加工小孔锥度偏

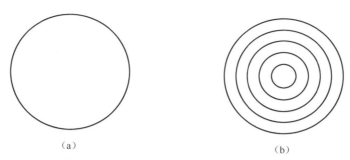

図 2-11　旋切法与填充法加工小孔示意图

（a）旋切法激光加工小孔路径；(b)扫描填充法加工小孔路径。

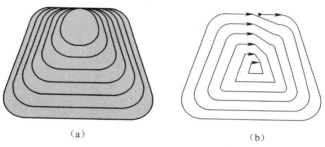

图 2-12　异型孔填充加工路径示意图

（a）不同层激光加工异型孔外形轮廓；(b)单层填充加工路径。

大的问题,可以采用倾斜聚焦旋切加工小孔的方法,其原理见图 2-14,激光在旋切加工小孔过程中,聚焦后的激光束始终与孔轴线或者工件表面倾斜一个固定的角度。

图 2-13　激光加工小孔锥度偏大状况

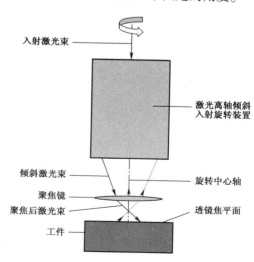

图 2-14　激光倾斜聚焦旋切加工小孔原理

51

采用该方法不但可以减小孔的锥度,得到无锥度小孔,甚至可以加工负锥度小孔,见图2-15[5]。

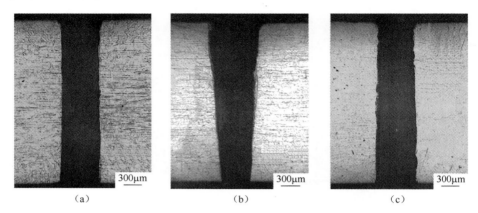

（a）   （b）   （c）

图2-15 采用倾斜聚焦旋切加工小孔实施效果照片
(a)几乎无锥度小孔;(b)正锥度小孔;(c)负锥度小孔。

2.2.2 激光加工小孔的主要影响因素

为了获得高质量的孔,应根据激光加工小孔的原理和特点,对影响激光加工小孔的主要参数进行分析,找出激光加工小孔最佳的工艺参数。

激光加工小孔与其他激光材料加工一样,加工结果必然要受到材料表面特性、材料本身物理特性、激光光束参量以及加工工艺方法及其工艺参量的影响,因此,影响激光加工小孔的因素很多,归纳起来主要包括三大类,即激光参量、材料特性(图2-16)和加工方式及其工艺参量。

本节主要介绍图2-16所示的激光参量以及激光聚焦相关的参量对激光加工小孔一般性的影响规律。

1. 波长

激光器的波长是由激光器的工作物质决定的。由激光原理可知,激光的产生是通过泵浦将激光工作物质中低能级 E_1 的电子激发至高能级 E_2,处于高能级 E_2 的电子是不稳定的,会自发或者受激跃迁至低能级 E_1,在跃迁过程中会以向外辐射光子的形式释放两个能级之间相差的能量,即 $h\nu = E_2 - E_1$,其中 h 为普朗克常量,E_2 和 E_1 由工作物质决定,因此在选定激光器工作物质后,激光的波长($\lambda = c/\nu$)是固定的。

通过在外光路上增加倍频单元可以改变激光波长,二倍频即为原波长的1/2,三倍频为原波长的1/3,这种方式会导致激光能量的损耗,通常会损耗原能量的50%以上,在具体应用时需要综合考虑。

激光波长对制孔的影响主要有以下两个方面。

(1)不同波长激光对不同材料的作用效果不同。例如,金属对短波长的 YAG

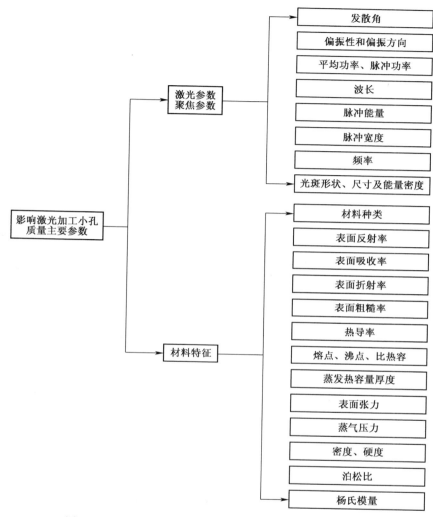

图 2-16　影响激光加工小孔质量的激光、材料等主要因素

激光吸收率更高,而更长波长的 CO_2 激光更适合于加工有机玻璃、木材、橡胶等;由于波长越短,光子能量越高,因此,材料损伤的阈值越低,在加工同种材料时,波长越短的激光造成材料损伤所需的最小能量密度越低,因此,在加工玻璃等高损伤阈值材料时通常选用紫外波长激光。

（2）波长越短,聚焦后的光斑越小。相应可加工尺寸更小,精度更高。这是在微小尺寸的电子元器件制造领域,通常选用紫外波段的激光源用于微细加工小孔的主要原因。

2. 脉冲能量

激光器的脉冲能量是指脉冲激光单个脉冲周期内所携带的激光能量。在实际加工过程中,脉冲能量主要影响激光加工小孔的效率和最大加工深度,即脉冲能量越大加工效率越高,最大加工深度越大,但是随着脉冲能量的提高,加工小孔过程中产生的热量也会增多,这将导致材料热致效应更加明显,造成加工质量的降低,通常的质量问题有热影响区变大、再铸层变厚和飞溅物增多等现象,因此在实际小孔加工过程中,要权衡利弊选择激光加工小孔的脉冲能量。

3. 脉冲宽度

脉冲宽度是指激光器单个脉冲的持续时间。脉冲宽度主要影响激光加工小孔的精度和质量,脉冲宽度越窄加工精度越高,即飞秒激光加工精度最高,毫秒激光加工精度最低;脉冲宽度越窄加工质量越好,即飞秒激光加工质量最好,毫秒激光加工质量最差。由于飞秒和皮秒等超短脉冲激光器的脉冲能量相对较小,导致加工效率不高,更适用于尺寸微小而质量要求较高的小孔加工。例如,汽车发动机喷油嘴小孔,其尺寸仅为几十微米,孔径公差要求微米级,孔壁粗糙度小于 $1\mu m$。

4. 重复频率

激光重复频率是单位时间(s)内激光输出的脉冲个数,单位为赫兹(Hz)。激光器的重复频率主要影响激光加工小孔效率,即激光器重复频率越高加工小孔效率越高,主要是因为单位时间内作用于材料的脉冲数增多。

5. 平均功率、脉冲功率

平均功率指激光器单位时间内输出的能量。由于激光加工小孔通常采用脉冲激光器,激光能量以脉冲形式并且以一定频率输出。如果脉冲能量基本相同,平均功率即为脉冲能量乘以频率的值。

脉冲功率为脉冲能量除以脉冲宽度得到,实际为单个脉冲宽度时间内的平均功率,由于加工小孔用脉冲激光器的脉冲宽度时间通常小于1ms。因此,尽管激光加工小孔平均功率通常不高,但具有很高的脉冲功率,又由于激光脉冲通常为尖峰状而非平顶状。因此,激光峰值功率更高。

在实际激光加工小孔中,激光器的平均功率越大,意味着能量或频率越高,因此加工小孔效率通常会更高,但单位时间的输入能量增大,可能造成更大的热影响。

6. 波形

波形是指脉冲激光在脉冲发生时间内的功率分布形貌,如图 2-17 所示。其中图 2-17(a)所示为毫秒脉冲宽度的自由振荡 YAG 激光的脉冲波形,图 2-17(b)所示为经过声光调制后生成的多个纳秒脉冲宽度的尖峰脉冲组成的毫秒宽度脉冲包络[6]。

通过改变波形可以改变激光与材料的热作用过程及加工效果,对于激光加工小孔,通常情况下是为了提高能量的利用率,增加材料气化比例,降低热影响,减少再铸层、微裂纹、毛刺等热致缺陷,提高加工小孔的效率及质量。图 2-18 所示为图 2-17不同脉冲波形冲击加工小孔的对比。图 2-18(a)所示为图 2-17(a)激光波形加工小孔的结果,图 2-18(b)所示为图 2-17(b)激光波形加工小孔的结果。

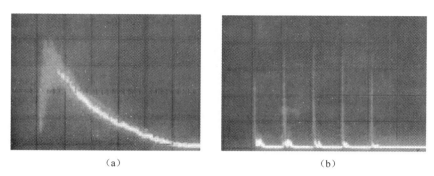

（a）　　　　　　　　　　　　　　　（b）

图 2-17　示波器显示的不同激光脉冲波形

很明显图 2-18(a)所示波形的锥度大,再铸层更厚,约为 35μm,而且孔壁存在微裂纹。图 2-18(b)所示波形加工小孔的再铸层厚度小于 10μm,孔壁无微裂纹。

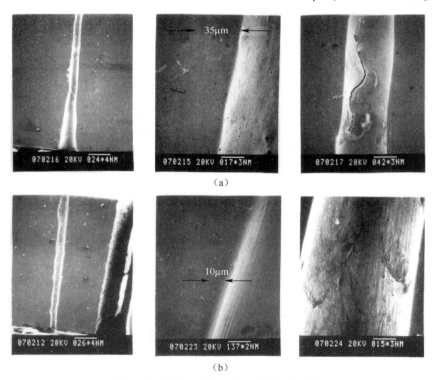

图 2-18　不同脉冲波形加工小孔的对比

7. 光斑形状

　　光斑形状是指激光在垂直传导方向光束平面内的激光能量分布形状。在激光加工小孔中主要采用圆形光斑,而且对圆形光斑的圆整度有一定的要求。多脉冲冲击方式加工小孔时,孔的圆整度主要取决于光斑圆整度及能量密度的对称分布,而旋切方式加工小孔,小孔圆整度更多取决于圆形运动轨迹的圆度。

8. 光斑尺寸

基模高斯光束在横截面内的场振幅分布按高斯函数 $\exp[-r^2/w^2(z)]$ 所描述的规律从中心向外平滑地降落。根据振幅降落到中心值 $1/e$ 处所定义的光束半径为

$$\omega(z) = \omega_0 \sqrt{1 + \left(\frac{z}{f}\right)^2} \qquad (2\text{-}3)$$

此时,与振幅相应的光强降低为峰值强度的 $1/e^2$,即通常表示包含 86.5% 光强的光束半径。

因此,光斑尺寸一般定义为在垂直光束平面内,内含功率(或能量)占光束功率(或能量)规定百分数(86.5%)的最小光束半径。

光斑尺寸分为聚焦前光斑尺寸和聚焦后光斑尺寸,两种尺寸对激光加工小孔影响是不同的。聚焦后的光斑尺寸主要影响激光加工小孔的精密度,光斑尺寸越小加工小孔精密度越高。聚焦前光斑尺寸是指在通过聚焦透镜之前的光斑尺寸,如果采用准直镜将原光斑扩束,在选定聚焦透镜时,入射透镜的光束尺寸越大其聚焦后的焦距会稍变长,即焦点位置会下移,因为准直扩束后激光发散角减小,聚焦光斑尺寸相应减小,焦深量增大。

9. 功率密度

激光功率密度是单位面积内的激光功率值。激光功率密度是激光加工小孔中十分重要的参数,对小孔效率、小孔最大深度、小孔质量都有影响。激光加工小孔中激光功率密度必须大于材料的损伤阈值,而且激光功率密度越大,通常加工小孔效率越高,小孔的最大深度也增大。

10. 偏振性及偏振方向

光一般可分为偏振光、自然光和部分偏振光,激光也不例外。光矢量(即电矢量)的方向和大小有规则变化的光称为偏振光。在传播过程中,光矢量的方向不变,其大小随相位变化的光是线偏振光,这时在垂直于传播方向的平面上,光矢量端点的轨迹是一直线。圆偏振光在传播过程中,其光矢量的大小不变,方向呈规则变化,其端点的轨迹是一个圆。激光与材料作用过程只有电矢量起作用,激光的偏振方向与光波电矢量方向相同。试验表明,线偏振光会导致小孔圆整度较差,因此激光加工小孔通常选用圆偏振光。

11. 发散角

激光束的方向性常以发散角 θ 来评价。θ 角越小,光束发散越小,方向性越好。若 θ 角趋于零,就可近似地把它称为“平行光”。光束的发散角直接决定激光聚焦后光斑的大小,进而影响聚焦后的能量密度及功率密度。

12. 焦距

透镜焦距是光学系统中衡量光的聚焦或发散的度量方式,指平行光入射时从透镜中心到焦点的距离。焦距主要体现透镜的聚焦能力,焦距越长聚焦光斑越大,焦深量越大,因此短焦距透镜适合加工孔径小、深度小、精度高的孔,长焦距透镜适合加工深度较大的孔,但需要激光具有足够高的功率密度。

13. 聚焦透镜的数值孔径(NA)

聚焦透镜的数值孔径是透镜与工件物体之间的折射率 n 和孔径角 2α 半数的正弦之乘积。用公式表示为

$$NA = n\sin\alpha \tag{2-4}$$

孔径角又称为镜口角,是透镜光轴上的物体点与前透镜的有效直径所形成的角度,孔径角决定了透镜收光能力,其角度越大,进入透镜的光通量就越大。

数值孔径与聚焦后光束的光斑尺寸有关。数值孔径越大,聚焦后光斑越小,由前文对光斑尺寸的分析可知,数值孔径对加工小孔的影响规律。

14. 焦点位置

焦点位置是指激光束焦点相对于工件表面的位置,焦点恰好位于工件表面称为零离焦,见图2-18(b);焦点位于工件表面上、下分别称为上、下离焦或正、负离焦,见图2-19(a)、(c)。在激光加工小孔中,通常选择零离焦状态进行加工,这样既能保证激光最大功率密度去除材料,又能使光斑直径最小,提高加工精度。

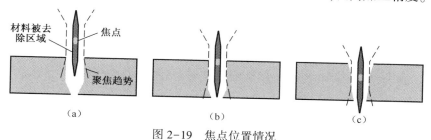

图 2-19 焦点位置情况

(a)上离焦;(b)焦点;(c)下离焦。

下面通过介绍激光聚焦光斑大小的计算公式,进一步说明激光各参量对激光功率密度等的影响规律。

其中激光功率或能量分布可以表达为

$$I(x) = \left(\frac{2P}{\pi w_0^2}\right)\exp\left(-\frac{2\,r^2}{w_0^2}\right) \tag{2-5}$$

式中:P 为激光功率;w_0 为激光光斑束腰半径;r 为距光斑中心的距离。

光束功率或能量呈典型的高斯分布,见图2-20。

激光聚焦后的光斑大小表达式为

$$2w_0 = \left(\frac{4\lambda f M^2}{\pi D}\right) \tag{2-6}$$

式中:D 为光斑直径;M^2 为激光束的质量因子,光束发散角越小,M^2 越小;λ 为激光波长;f 为聚焦焦距。

显然,要得到更小的聚焦光斑,需要更短的波长、更大的聚焦前光斑直径、更好的光束质量、更短的焦距。因此,不难理解,准分子激光由于为紫外波段,波长短,聚焦后可以得到更小的光斑尺寸。

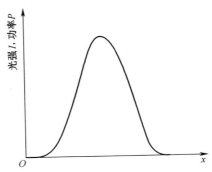

图 2-20 高斯分布的激光光斑能量分布

相应地对于脉冲激光而言,激光聚焦后的功率密度可以表达为

$$P = \frac{E}{\pi T_i w_0^2} \tag{2-7}$$

式中:E 为单脉冲能量;T_i 为脉冲宽度。显然,更大的脉冲能量、更窄的脉冲宽度可以得到更高的功率密度。

前述更高的功率密度将导致更薄的熔化层厚度。很明显,增加激光脉冲能量、压缩脉冲宽度,并且减小聚焦光斑,相应应用更短的激光波长、焦距,更大的聚焦前光斑直径、更好的光束质量,增大了激光功率密度,从而实现制孔孔壁再铸层厚度更薄、微裂纹更少。

2.3 提高加工小孔效果的几种典型方法

本节主要介绍几种改进激光聚焦特性、脉冲输出特性以及改进激光作用方式以提高制孔性能、质量的方法。

1. 采用组合聚焦方式可以改变聚焦特性

激光聚焦通常采用普通的球面平凸透镜,存在球差等成像畸变,激光聚焦后光斑相对较大,能量密度及功率密度不集中,呈高斯分布,见图 2-21(a),光斑边缘的能量和功率密度较低,导致激光与光斑周边区域内的材料作用时,气化比例减小,熔融物增加。因此,通过增加激光聚焦光斑边缘功率密度变化的斜率,同时增加光斑中心的功率密度(图 2-21(b)),能够有效地改善孔进口的质量状况,减小小孔的锥度。

为了实现上述目的,将单片的球面平凸镜聚焦方式改进为伽利略式望远镜聚焦系统,并针对激光输出特性进行专门的设计、计算,具体实施实例见图 2-22。其中,$a_1 = -1500mm$,$a_1' = -15mm$,$a_2 = -200mm$,$a_2' = 200mm$。该聚焦装置可以消除普通聚焦镜的球差等缺陷,减小聚焦光斑的尺寸,从而达到图 2-21(b)所示的效果。

采用伽利略式望远镜聚焦系统有效地改善了小孔入口的表面质量,见图2-23。

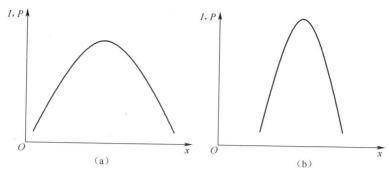

图 2-21　激光聚焦光斑功率密度的分布示意图

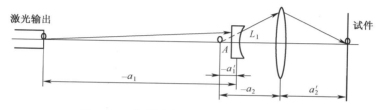

图 2-22　伽利略式望远镜聚焦系统示意图

图 2-23(a)所示为平凸透镜聚焦制孔入口表面状况；图 2-23(b)所示为采用伽利略式望远镜聚焦后制孔的入口表面状况；图 2-23(c)、(d)分别为采用伽利略式望远镜聚焦与平凸透镜聚焦冲击加工 2mm 深小孔结果，再铸层最大厚度分别为小于 10μm、35μm；图 2-23(e)、(f)则为加工 1.5mm 深小孔结果，再铸层最大厚度分别为小于 5μm、25μm。显然，采用伽利略式望远镜聚焦，孔口飞溅物得到明显减少，入口再铸层明显减薄。

2. 激光输出的脉冲采用单脉冲能量逐步增加的方式

该方式的实施原理见图 2-24，由于能量逐步增加，有利于抵消等离子体对激光的屏蔽作用，减小激光与材料作用在偏离焦点后能量密度或者功率密度发散减小所导致的孔底部材料去除率下降的负面影响。从而提高效率，减小小孔锥度，提高加工稳定性。图中 τ 为单脉冲宽度，T 为脉冲间隔，可以调节。实际实施需要控制激光脉冲触发的时序。

图 2-25 所示为采用脉冲能量逐步增加的毫秒脉冲激光在 2.65mm 厚金属平板上以冲击方式垂直加工小孔的效果[7]。图 2-25(a)、(c)应用了脉冲能量逐步增加方式；而图 2-25(b)、(d)中激光脉冲能量始终一致，且与采用脉冲能量逐步增加方式产生的最大脉冲能量相同。

结果显示，采用脉冲能量逐步增加方式的毫秒脉冲激光加工小孔，孔入口飞溅物明显减少，而且孔径相对较小，也意味着可以加工更大深径比小孔。测试数据表明，采用该方式激光脉冲对孔底部材料的去除占比提高，由 20%～28% 提高至 34%～39%，即有效去除效率增加。

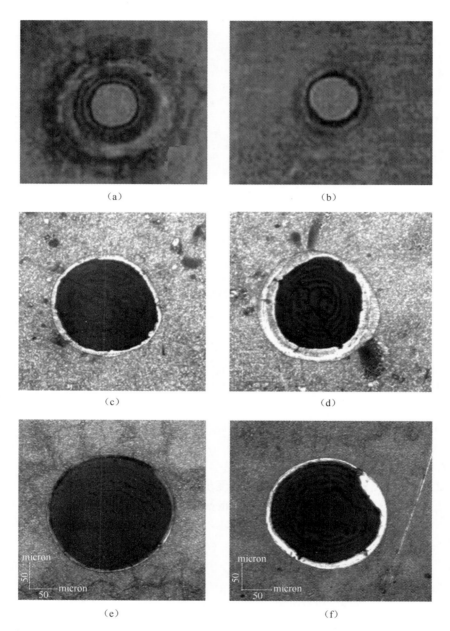

（a）

（b）

（c）

（d）

（e）

（f）

图 2-23　聚焦方式改进后激光加工小孔与常规聚焦加工质量的比较

（a）平凸透镜聚焦制孔；（b）伽利略式望远镜聚焦制孔；（c）伽利略式望远镜聚焦制孔；

（d）平凸透镜聚焦制孔；（e）伽利略式望远镜聚焦制孔；（f）平凸透镜聚焦制孔。

3. 对输出激光光束进行整形

图 2-26 所示为通过对输出激光光束进行整形,将高斯光束转变为类似火山口的形状,使光斑边缘的激光功率最高,呈尖峰状[8]。

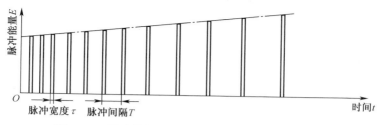

图 2-24　脉冲能量逐步增加的激光脉冲作用示意图

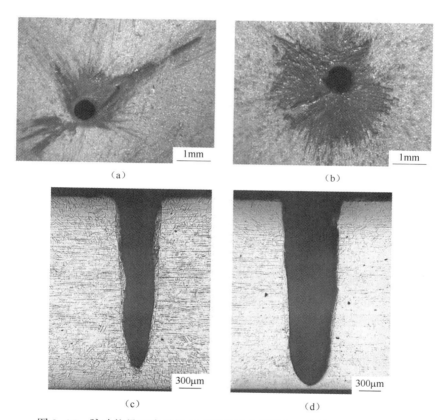

图 2-25　脉冲能量逐步增加方式激光冲击制孔与通常冲击制孔的对比

(a)入口孔,脉冲能量逐步增加方式;(b)入口孔,通常加工方式;(c)孔纵截面,脉冲能量逐步增加方式;
(d)孔纵截面,通常加工方式。

　　采用整形的激光加工小孔,可以保证更好的小孔边缘质量、更小的热影响区,孔口缺陷明显减小。图 2-27 所示为经过整形的激光与未整形的激光加工陶瓷上小孔入口的形貌比较。

　　由此可见,在同样能量密度条件下,整形后激光加工小孔入口非常圆整、光滑,而未整形激光没有加工成通孔。提高能量密度后,在脉冲次数提高 20 倍的情况下才加工成通孔,见图 2-27(c),但孔口有明显翻边和飞溅物,能量密度越高小孔质量越差,见图 2-27(d)。

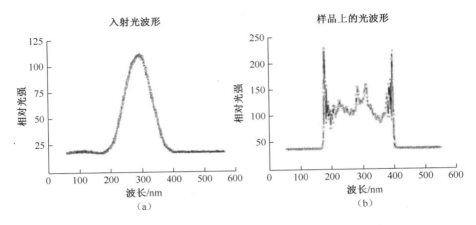

入射光波形　　　　　　　样品上的光波形

（a）　　　　　　　　　　　（b）

图 2-26　激光整形前、后的对比

（a）整形前;（b）整形后。

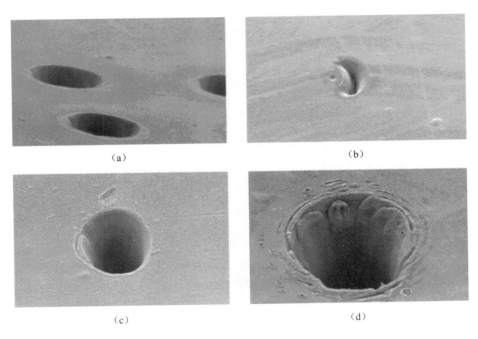

（a）　　　　　　　　　　　（b）

（c）　　　　　　　　　　　（d）

图 2-27　整形与未整形激光加工陶瓷小孔入口形貌

（a）脉冲次数 50、能量密度 1J/cm² 整形后制孔结果;（b）脉冲次数 50、能量密度 1J/cm²
未整形后制孔结果;（c）脉冲次数 1000、能量密度 10J/cm² 未整形后制孔结果;
（d）脉冲次数 1000、能量密度 100J/cm² 未整形后制孔结果。

4. 采用振动辅助激光加工小孔技术

该方法可以改善再铸层的分布,有利于小孔内熔化、气化物排出,从而改善小孔成形、增加孔深、减小再铸层的厚度。研究人员在镍基高温合金试件上采用毫秒脉冲激光加工小孔时,曾在试件上与小孔轴线平行方向施加超声辅助振动。结果表明,小孔再铸层最大厚度可以减薄 25% ~ 30%。图 2-28 所示为通过聚焦镜以 500Hz 频率、0~16.5μm 振幅的振动方式实现飞秒激光加工小孔的孔壁质量及深径比均得到明显改善[9]。

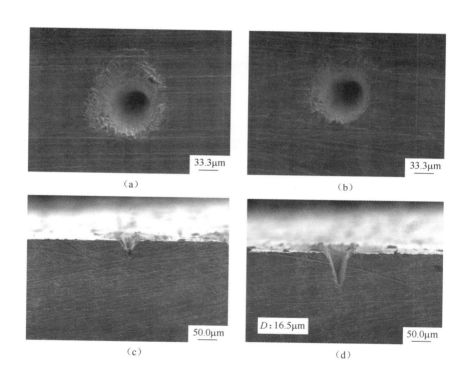

图 2-28　振动辅助飞秒激光加工小孔对比
(a)无振动;(b)施加微振动;(c)无振动;(d)施加微振动。

5. 采用水束辅助激光复合加工小孔技术

最典型的是水导激光加工,又称为微水束激光(Laser Micro Jet)加工。该方法出现于 21 世纪初,是瑞士科学家 Bernold Richerzhagen 发明的。水导激光加工原理见图 2-29,相当于激光聚焦后与微水束耦合与材料作用实现复合加工。类似于激光光纤传导,激光聚焦后直接导入高压微水束,水柱水束压力为 5~50MPa,激光在水柱与空气之间由于不同折射率形成的不同介质界面沿水柱全反射传导后直接作用于工件。

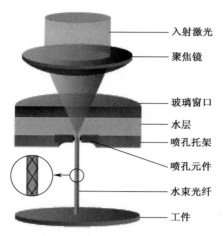

图 2-29　水导激光加工原理

水束和激光导出的喷嘴直径一般在 25~120μm 之间,水柱直径约为喷嘴直径的 85%,相应的工作距离(即激光可以在水束中全反射传导的距离)通常是水柱直径的 1000 倍。例如,水束直径为 50μm,工作距离为 50mm。

目前主要采用倍频的纳秒脉冲 YAG 激光与水束耦合,激光为 532nm 波长的可见绿光,原因在于 523nm 波长波长激光在水中几乎没有损耗,仅为 0.1%[10]。

常规激光加工与水导激光加工特征对比见图 2-30。

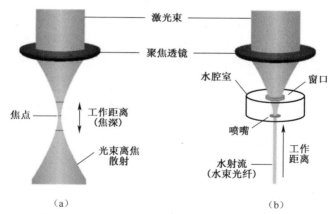

（a）　　　　　　　　　　　　　　　　　（b）

图 2-30　水导激光加工与常规激光加工特征的对比
(a)常规激光加工;(b)水导激光加工。

由于水导激光与常规激光加工不同的作用特征,水导激光加工具有以下优势。

① 在有效工作距离内,没有通常激光聚焦加工导致的汇聚、发散问题,不需要严格控制焦点,不但切缝及加工小孔锥度很小,而且相应增加了有效的作用距离,从而明显提高了激光强度,尤其是小脉冲能量激光的加工深度与效率。

② 由于水冷却作用,可以显著减少传统激光导致的热影响,减小热应力、热损伤。

③ 由于高压水冲刷作用，切口表面更光洁，毛刺、飞溅物极少。

④ 可以实现与更高功率的纳秒脉冲激光耦合，进一步提高了加工效率，与超快激光相比，在同样功率条件下，具有更高的效费比，运行成本低。

⑤ 由于水导激光加工采用了较小能量（最大仅几个毫焦）的高频短脉冲（通常为纳秒宽度）可见激光，聚焦光斑小，可以视同为非接触加工的精密水助激光"铣刀"，可以完成类似机械加工的"铣削""切削"及"钻削"等精密加工，而与机械加工相比，无机械应力，无刀具磨损，无粉尘，尤其适合加工陶瓷、碳化钨、金刚石、氮化硼、复合材料等硬脆材料。

例如，切割 1.6mm 厚金刚石，速度达到 5mm/min，表面粗糙度为 0.2μm；切缝精度可以控制在±1μm 内，切缝宽度仅为 25~75μm。

因此，采用水导激光加工小孔与通常的毫秒、纳秒长脉冲激光加工相比，孔壁质量明显提高，而且与超短脉冲激光加工相比，更易于实现无锥度小孔加工。瑞士喜诺发（Synova）公司采用水导激光在镍基高温合金上进行了较系统的加工小孔试验，图 2-31 和图 2-32 所示为瑞士喜诺发公司应用水导激光加工小孔的结果。

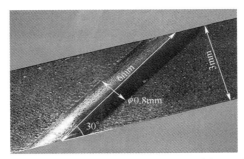

图 2-31　水导激光加工 6mm 深斜孔的剖面照片

 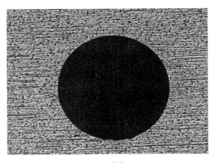

（a）　　　　　　　　　　　　　（b）

图 2-32　长脉冲激光与水导激光加工小孔质量对比
（a）常规激光加工；（b）水导激光加工。

由图 2-31 和图 2-32 可见，水导激光加工小孔不存在毛刺，孔壁光滑，锥度极小，热影响极小，经检测，孔壁再铸层平均厚度仅 2μm。而且水导激光具备加工大深度、深径比 25∶1 的小孔能力，加工效率方面，采用 50W 纳秒激光水导激光加工

8mm深、0.4mm孔径的小孔,加工时间约4min30s;水导激光也可以实现加工异型孔,异型入口加工时间为1min30s,图2-33所示为水导激光在带热障涂层的高温合金加工异型孔的试验结果,涂层未发现明显加工缺陷,但孔壁存在明显逐层去除的加工痕迹。

图2-34所示为水导激光在陶瓷基复材(CMC)和树脂基复材(CFRP)上加工小孔的结果。由图可见,CMC材料上小孔热影响很小,几乎无毛刺,孔壁表面粗糙度达到1μm,而加工CFRP边缘质量相对稍差,存在轻微烧蚀现象,纤维存在裸露现象,但相比长脉冲或连续激光加工质量要好得多。

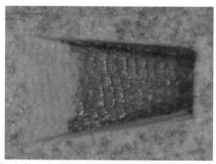

图2-33　水导激光在带热障涂层高温合金加工异型孔入口形貌

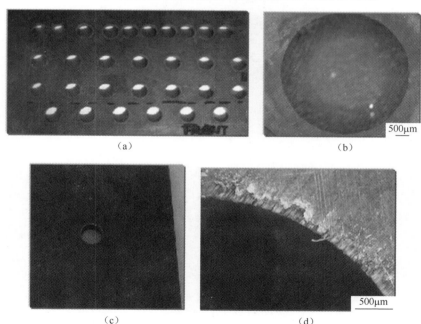

(a)　　　　　　　　　　　　　　　　(b)

(c)　　　　　　　　　　　　　　　　(d)

图2-34　水导激光在复合材料上加工小孔效果照片
(a)CMC上小孔;(b)CMC上小孔进一步放大照片;(c)CFRP上小孔;
(d)CFRP上小孔孔边缘放大照片。

6. 二次法加工小孔

毫秒脉冲激光加工小孔,尤其是冲击方式加工小孔,存在明显的再铸层甚至微裂纹等热致缺陷,孔尺寸精度及孔壁粗糙度均较差,如图2-35所示[11]。因此,如何消除再铸层,避免微裂纹产生,提高孔形及孔壁表面质量及其一致性一直是毫秒激光加工小孔面临的主要难题。纳秒及超短脉冲激光虽然可以加工更高质量的小孔。但效率太低,尤其是加工较大深度小孔。例如,采用超短脉冲激光加工0.5mm孔径、3mm深小孔,加工时间需要2.5min,而毫秒激光即使采用旋切加工也仅需不到10s[11],二次法加工为解决上述问题提供了技术途径。该方法的主要原理是采用毫秒激光加工小孔效率高、深度大的特点。首先加工比实际要求孔径小的初始通孔,然后采用纳秒或超短脉冲激光,甚至电火花的方法扩孔修饰孔壁以改善毫秒激光加工小孔的质量。

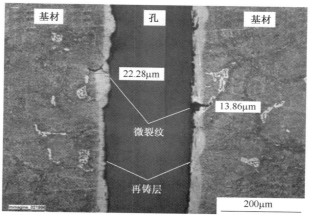

图2-35 毫秒脉冲激光冲击加工小孔纵截面显微照片

毫秒激光+电火花二次法加工小孔的效果见图2-36。由图可见,二次法加工小孔质量达到了电火花加工的质量。但二次法加工由于提供了初始通孔,整体加工时间与电火花加工相比,缩短了70%,而且电极损耗也相应减小,成本减少42%[12]。另外,有利于电火花加工更小孔径的小孔,提高深径比。

(a)   (b)   (c)

图2-36 毫秒激光+电火花二次法小孔孔口质量对比

(a)激光加工;(b)电火花加工;(c)二次法加工。

图 2-37 所示为毫秒激光+纳秒或超短脉冲激光二次加工小孔的原理示意图。首先采用更大脉冲能量的毫秒脉冲宽度的 YAG 激光加工小于要求孔径的初始孔,然后采用纳秒脉冲或超短脉冲的窄脉冲激光通过圆环填充旋切加工方式,对初始孔扩孔以去除孔壁再铸层,提高孔形及孔壁质量。二次法加工的主要目的在于可以通过纳秒或超短脉冲激光仅去除再铸层,达到提高加工高质量小孔效率的目的[13]。

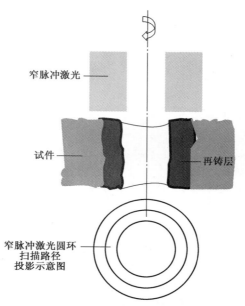

窄脉冲激光

试件

再铸层

窄脉冲激光圆环
扫描路径
投影示意图

图 2-37　毫秒激光+纳秒激光二次法加工小孔原理示意图

图 2-38 所示为采用毫秒脉冲激光冲击加工小孔,再采用纳秒激光加工小孔方式的二次加工。

由此可见,毫秒激光+纳秒激光二次法加工小孔可以有效去除毫秒激光加工小孔孔壁再铸层,但二次加工对准精度非常关键,验证试验中直孔和斜孔均由于对准精度差导致局部孔壁仍有再铸层残留。

下面介绍另外一个问题,图 2-39 所示为纳秒激光二次加工小孔的纵截面,存在明显的锥度。如果不采用图 2-15 所示的倾斜聚焦加工方式,为了去除孔底部的再铸层,需要增加加工时间,而且为了克服锥度效应,需要增加填充扫描的圆环半径,因此,达到减小加工时间的效果并不明显。

目前,激光二次加工小孔实际应用于加工异型孔,为了提高效率,首先采用纳秒或超短脉冲激光加工异型孔入口的扩散段,然后采用毫秒激光加工扩散段下端圆柱形通孔,为此国外的发动机制造商,如罗尔斯·罗伊斯公司甚至将两套不同脉宽(纳秒及毫秒)的激光器集成于同一加工系统。

另外,针对带热障涂层叶片,为了实现先涂层后加工小孔,也有采用二次加工

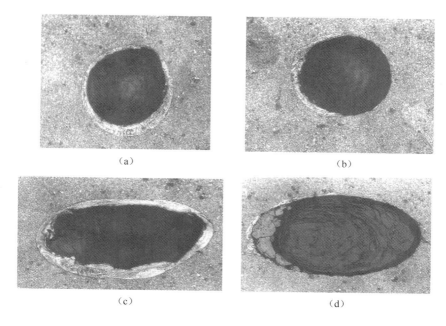

图 2-38　毫秒激光+纳秒激光二次法加工小孔效果
(a)毫秒激光冲击加工直孔；(b)纳秒激光二次加工直孔；(c)毫秒激光冲击加工斜孔；
(d)纳秒激光二次加工斜孔。

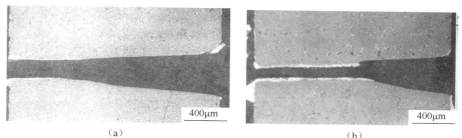

图 2-39　低能量的纳秒激光二次加工较大深度小孔的效果
(a)二次加工时间长；(b)二次加工时间短。

方法。首先采用纳秒等窄脉冲激光去掉不导电的涂层，然后采用电火花加工，得到更高质量的通孔。针对异型孔，纳秒等窄脉冲不仅仅去掉涂层，而且加工完成异型孔扩散段[14]，再用电火花或毫秒激光加工圆柱形通孔。

参 考 文 献

[1] 胡波,胡礼木. 中厚、薄板快速电弧焊热循环数学模型[J]. 陕西理工学院学报(自然科学版),2008,24(1):5-8.

［2］ 朱企业,王健,等 . 精密激光加工［M］. 北京:机械工业出版社,1990.

［3］ Dausinger. Drilling of high quality micro holes［C］. Congress Proceeding of Section B-ICALEO,Orlando,2000.

［4］ 张晓兵 . 激光加工小孔技术在航空工业中的应用及进展［J］. 航空工艺技术,1995(a01): 8-20.

［5］ Li L,Low D K Y,Ghoreshi M. Hole taper characterisation and control in laser percussion drilling ［J］. Annals of CIRP,Manufacturing Technology,2002,51(1):153-156.

［6］ Li Q,Zheng Y J,Wang Z Y,et al. A novel high-peak power double AO Q-switches pulse Nd:YAG laserfor drilling［J］. Optics & Laser Technology,2005(37):357-362.

［7］ Low D K Y,Li L,Byrd P J. The influence of temporal pulse train modulation during laser percussion drilling［J］. Optics and Lasers in Engineering,2001(35):149-164.

［8］ Kamakis D M,et al. Microhole drilling using reshaped pulsed Gaussian laser beams［C］. Tht International Society for Optical Engineening,Oxford,2001.

［9］ Park J K,Yoon J W,Cho S H. Vibration assisted femtosecond laser machining on metal［J］. Optics and Lasers in Engineering,2012(50):833-837.

［10］ Richmann A,Richerzhagen B. Comparision study:cutting with the laser microjet© VS. well established and new micro-machining technologies for applications of the Watch Industry ［C］. Congress Proceedings of ICALEO,Miami,2013.

［11］ Uchtmann H,Kürschner D,Kelbassa I. Hybrid laser drilling of cooling holes by using millisecond pulsed fiber laser radiation and ultrashort pulsed laser radiation［C］. Congress Proceedings of ICALEO,Miami 2013.

［12］ 张晓兵,孙瑞峰 . 二次法激光加工小孔技术研究［J］. 航空学报,2014,3:894-901.

［13］ Li L,Diver C,Atkinson J,et al. Sequential laser and EDM micro-drilling for next generation fuel injection nozzle manufacture ［J］. CIRP Annals-Manufacturing Technology,2006,55(1): 179-18.

［14］ Hudson R,Baxter R. 激光钻孔辅助燃气涡轮机冷运行［J］. 工业激光解决方案(中国版), 2011(4):22-24.

第 3 章　激光加工小孔建模分析

3.1　激光加工小孔过程数值模拟的意义及分类

3.1.1　激光加工小孔过程数值模拟的意义

数值模拟在工程应用及新技术研发过程中都具有重要作用。首先,数值模拟可以作为人们认识和掌握过程规律的有力工具;其次,对于复杂、影响因素众多的客观过程的研究,试验方法有时会遇到困难,甚至无法实施,此时可寻求通过数值模拟方法来解决;最后,如果通过数值模拟可以准确地复现一种客观过程,则表明该过程规律已被人们所掌握。

激光加工小孔是一个极为复杂的过程,工艺参数众多、影响因素复杂。激光参数,如脉冲宽度、重复频率、离焦量、脉冲能量、光束偏振态及光束质量等,以及材料的众多属性,如传热学性质、相变性质、力学性能等,都对制孔质量产生影响。材料相关参数基本上都是温度的函数,在激光加工小孔过程中材料温度的变化很急剧,这种急剧的变化不仅体现在空间尺度上,也体现在时间尺度上。另外,随着制孔过程的进行,孔的形状、深度不断变化,也影响激光与材料相互作用。

激光加工小孔方式有很多,如冲击加工小孔、旋切加工小孔、填充加工小孔等,根据加工小孔方向不同,分为加工直孔和不同角度的斜孔等。根据所用激光脉宽的不同,激光加工小孔又分为毫秒、纳秒、皮秒及飞秒加工小孔等。对每一种加工小孔方式而言,前述提及的所有因素都会对加工小孔的各个方面产生影响。

评价激光加工小孔质量和效率的因素也比较多。例如,孔的圆度、锥度等形状参数,再铸层、微裂纹等质量参数,去除率等效率参数,各影响因素和结果之间也存在着复杂的关系。

综上所述,激光加工小孔是一个十分复杂的问题,对此问题进行研究,如果全靠试验,不仅工作量巨大,而且不容易得到有价值的结论,也不容易获得控制规律。如果采用数值模拟方法,不管问题多么复杂,只要在数学模型中包含这些因素,通过数值模拟可以对各种影响因素进行研究,对于掌握激光加工小孔过程规律,获得有效的加工小孔质量控制方法具有十分重要的意义。

3.1.2　激光加工小孔过程数值模拟的分类

激光加工小孔种类很多,而对于数值模拟而言,主要是根据激光脉宽进行分类,其原因是不同脉宽激光作用下,材料对激光的吸收机制及激光对材料的热影响不同,需要采用不同的数学物理模型进行研究。

按加工小孔所用脉冲激光的脉宽,可分为长脉冲激光加工小孔、超短脉冲激光加工小孔模拟两大类。长脉冲激光加工小孔模拟是指激光脉宽为毫秒、微秒或纳秒量级的激光加工小孔,超短脉冲激光加工小孔模拟是指激光脉宽为皮秒或飞秒量级的激光加工小孔模拟。

3.2　激光加工小孔过程数值模拟的国内外研究现状

为优化激光加工小孔过程,提高加工小孔的质量和效率,有必要深入理解和掌握激光加工小孔动力学过程,数值模拟为此提供了一种有效工具。由于激光加工小孔过程极端的物理条件、包含复杂的多物理场耦合、存在多种物态(固态、液态、蒸气和等离子体)等特点,使激光加工小孔的模拟存在很大的难度。

3.2.1　连续激光加工小孔数值模拟

早期的激光加工小孔计算多采用一维模型[1-2],仅局限于热传导计算[3]或采用解析解[4]。虽然有些模型分析了激光加工小孔的复杂物理过程,但多以连续激光为热源。Ho 等[5-6]提出了一种多相流计算模型可计算脉冲激光作用下金属的蒸发、热传递和气体动力学,采用有限差分方法计算基底材料的温度分布、蒸发率、熔化深度以及蒸气相的压力、速度和温度场。在 Ganesh[7-8]等所提出的计算模型中,对固相中的热传导、液相中的对流-扩散传热及熔化喷射流体动力学的耦合采用二维轴对称模型进行模拟,采用 VOF(Volume of Fluid) 方法处理熔体自由表面,采用一维气体动力学计算获得熔化表面的压力和温度分布。Ruf 等[9]采用流体动力学软件 FIDAP 模拟激光脉冲作用下熔体形成和动力学过程。Cho 等[10]以 5kW 激光为热源,对三维激光加工小孔动力学过程进行数值模拟,采用 VOF 方法追踪自由表面,考虑了激光束在孔中的多次反射,应用 Fresnel 反射模型描述能量吸收机制,并研究了激光偏振的影响,包括圆偏振光和线偏振光。模拟结果表明,在圆偏振光作用下,所打出的孔是沿激光束轴线呈轴对称形状,而在线偏振光作用下,孔形不对称,沿偏振方向拉长,该模型忽略了孔中金属蒸气的作用。

Girardot 等[11]针对冲击加工小孔过程建立了二维轴对称模型,采用 CNEM (Constraint Natural Element) 方法对连续激光持续 $150\mu s$ 的加工小孔过程进行数值模拟,包括固-液相变、液-气相变、液体喷射、对流和热传导,模拟结果包括孔形状、液体喷射速度和激光加工小孔速度等。由于其采用二维轴对称模型,因此只能计算垂直加工小孔过程。Kovalev 等[12]提出了一种激光与金属交互作用的三维数学物理模型,包含激光束在细腔中多次反射过程中能量传递的计算模型,以及计算激光作用下金属表面形状的算法,模拟结果表明,多次反射在激光加工厚材料(加工小孔、切割及焊接)时是一个重要的影响因素。

3.2.2 长脉冲激光加工小孔数值模拟

长脉冲激光加工小孔数值模拟是指以脉宽为毫秒(ms)、微秒(μs)及纳秒(ns)量级脉冲激光为热源进行激光加工小孔过程的数值模拟。

在毫秒脉冲激光加工小孔数值模拟方面,Ng 等[13]针对毫秒脉冲,开发了一维解析模型研究辅助气体 O_2 对激光加工小孔的影响。模拟结果表明,由于 O_2 的冷却作用所引起的功率损失可以忽略,但提供了额外的能量使熔体表面温度更高,从而使制孔速度提高、增大熔体喷射速度,随着材料氧化比例的增大,制孔速度显著增大。该模型考虑了材料熔化、蒸发和氧化过程,但不包含等离子体的生成。Wang 等[14]采用有限元模型计算了毫秒脉冲激光作用下,带有热障涂层镍基合金的温度场和应力分布,分析了微孔及裂纹的形成机理。J. Willach 等[15]采用脉宽为 $100 \sim 500\mu s$ 激光脉冲对材料进行旋切加工小孔,通过传热模型计算激光旋切加工小孔的材料去除过程。

在微秒激光加工小孔数值模拟方面,Salonitis 等[16]采用脉宽为 $10\mu s$ 的 CO_2 激光,基于每个激光脉冲中有限体积的材料被熔化和去除的假设,对不同的功率密度和脉冲频率条件下,计算了把工件表面温度升至熔点所需的脉冲数,所研究的功率密度在 $10^5 W/cm^2$ 以下,频率分别为 100Hz、1000Hz、10000Hz 等 3 种。研究结果表明,脉冲频率对加工小孔的最大深度没有影响。但该研究只考虑了材料的熔化而未考虑蒸发以及等离子体的生成等,因此其结论只能用于低功率激光加工小孔的情况。Satapathy 等[17]针对脉宽为微秒量级的激光脉冲加工小孔过程,通过求解三维瞬态热传导方程,由所获得的温度分布及液相线温度预测孔形状和制孔速率,并在提高深径比和制孔速率等方面对制孔参数进行优化。

Leitz 等[18]针对微秒和纳秒激光脉冲,采用计算流体动力学软件 OpenFOAM (Open Field Operation and Manipulation)和 VOF 方法建立了含固、液、气的多相瞬态有限体积模型,基于 VOF 方法对激光加工小孔过程进行了数值模拟。对在脉冲能量等其他参数完全相同条件下,脉宽分别为 $1\mu s$ 和 1ns 的两种脉冲加工小孔过程进行了比较。

在纳秒脉冲激光制孔数值模拟方面,Dumitru 等[19]针对不同脉宽的纳秒激光脉冲(包括 500ns、100ns、20ns、5ns 及 1ns 等),基于熔方法建立激光去除过程计算模型,比较了不同脉宽激光作用下,材料去除体积、熔化区等随时间的变化,考虑了激光吸收、热扩散、相变和保护效果等,可以计算纳秒单脉冲作用下孔和熔化区随时间的演变过程。Weidmann 等[20]针对重复频率 20Hz、脉宽 7ns 激光脉冲在带有陶瓷涂层材料上制孔进行模拟,计算了孔形、温度分布及去除率。

3.2.3 超短脉冲激光加工小孔数值模拟

超短脉冲加工小孔指的是采用脉宽为皮秒、飞秒的激光脉冲进行加工小孔。20 世纪 70 年代,苏联学者 Anisimov 等[21]提出了描述超短脉冲激光烧蚀金属材料的双温模型。该模型从一维非稳态热传导方程展开研究,分别考虑超短脉冲激光辐照金属过程中光子与电子以及电子与晶格两个不同的作用过程,得到描述电子与晶格温度变化的双温方程。1997 年,Nolte[22]根据双温方程得到计算烧蚀率的解析表达式。1999 年,Falkovsky 等[23]基于玻耳兹曼方程费米迪拉克配分函数提出热电子爆炸模型。2002 年,Chen 等[24]综合双温模型及热电子爆破模型,在假设单轴应变三维高压条件下,提出一系列相互关联的瞬时热弹性应变方程,数值计算结果表明了超短激光脉冲烧蚀过程中,非热熔态损伤占主导地位,而其主要动力来源于热电子爆炸力。同年,Bulgakova 等[25]基于双温模型和热传导方程对超短脉冲激光烧蚀过程中液相爆破的短暂液体状态进行数值模拟,分析了飞秒激光与材料相互作用过程中液相爆破的产生机理。

还有一些数值模拟研究并非针对激光加工小孔过程,而针对的是超短激光材料去除方面的模拟。Byskov-Nielsen 等[26]基于双温模型研究了金属铜、银及钨在飞秒激光去除过程中,脉宽对去除阈值和熔化深度的影响。模拟结果表明,脉宽小于 1ps 时,去除阈值和熔化深度与脉宽无关。Saghebfar 等[27]采用双温模型计算了800nm、30fs 激光脉冲作用下铬的去除阈值、脉冲数及脉冲间隔时间的影响以及电子与晶格的热平衡时间。

虽然双温模型是研究超短脉冲激光加工金属机理过程中应用最广泛的理论,但由于其只能模拟电子和晶格在时间和空间的温度分布,无法模拟出很多加工过程中实际发生的物理过程,如烧蚀物质的压力、能量、喷射速度等,因此近年来流体动力学模型、分子动力学模型也被广泛研究,并结合双温模型力求更准确、更全面地模拟出超短脉冲激光加工金属的过程。

在分子动力学模拟方面,Nedialkov 等[28]应用经典分子动力学模拟技术,研究了脉宽为 0.1ps 超短脉冲激光作用下铁的去除过程。模拟结果表明,孔形的变化与已去除材料与孔壁之间的交互作用有关,获得了二次去除粒子速度和角度分布,估计了真空和氩气条件下材料去除效率。

Sonntag 等[29]基于双温模型和分子动力学方法研究了激光引起的铝—钴合金($Al_{13}Co_4$)表面熔化问题。该模型可描述纯金属和 Al-Co 合金电子对激光能量的吸收、向晶格的热传递和表面熔化等过程。Sonntag 等[30]采用分子动力学方法对不同激光脉冲下 Al 飞秒激光去除过程进行模拟,模拟结果用于确定相关物理量的值。Ivanov 等[31]将分子动力学与双温模型结合使用,利用了分子动力学在原子水平描述激光引起的非平衡相转变过程的优势,以及双温模型在描述光激发的自由载流子动力学方面的优势,研究了在不同激光能量密度和脉宽条件下,Al 和 Cu 金属靶材的去除机制。Roth 等[32]采用分子动力学方法模拟了 Al-Ni 合金的激光熔化和去除,包括 Al_3Ni、$AlNi$ 和 $AlNi_3$ 等,通过双温模型描述激光束、电子和原子之间的相互作用。模拟结果发现,对于 Al_3Ni 和 $AlNi_3$ 两种材料,在高能量密度条件下,由于去除机制发生了改变,其熔化深度和去除阈值都有显著下降。

3.3 长脉冲激光加工小孔过程的建模分析

本节主要介绍长脉冲激光加工小孔建模分析所依据的守恒方程、边界条件,界面追踪方法,以及建立考虑同轴辅助吹气的多物态转化计算模型的基本策略。

3.3.1 守恒方程

由于长脉冲激光加工小孔过程实质上是激光在材料上的热作用过程,因此,激光和材料相互作用可以采用经典的传热及相变模型进行计算。长脉冲激光加工小孔模拟数值模型的建立一般根据质量、动量、能量的守恒定律来建立,依据的守恒方程如下。

(1)质量守恒方程:

$$\frac{\partial \rho}{\partial t} + \nabla \cdot (\rho \boldsymbol{v}) = S_{m} \tag{3-1}$$

式中:ρ 为密度;t 为时间;$\boldsymbol{v}$ 为速度矢量;S_{m} 为质量源项。

(2)动量守恒方程:

$$\frac{\partial}{\partial t}(\rho \boldsymbol{v}) + \nabla \cdot (\rho \boldsymbol{vv}) = -\nabla p + \nabla \cdot (\boldsymbol{\tau}) + \rho \boldsymbol{g} + \boldsymbol{F} \tag{3-2}$$

式中:p 为压力;$\boldsymbol{\tau}$ 为应力张量;$\rho \boldsymbol{g}$ 为重力;$\boldsymbol{F}$ 为体积力。

(3)能量守恒方程:

$$\frac{\partial(\rho E)}{\partial t} + \nabla \cdot (\rho E \boldsymbol{v}) = S_{h} - p \nabla \cdot \boldsymbol{v} + \nabla \cdot (k_{c} \text{grad} T) + \boldsymbol{\Phi} \tag{3-3}$$

式中:E 为内能;S_{h} 为能量源项;k_{c} 为热导率;T 为温度;$\boldsymbol{\Phi}$ 为耗散函数。

激光加工小孔过程的数值求解需联合求解以上的质量守恒方程、动量守恒方程及能量守恒方程。

如果采用 VOF 方法进行界面捕捉,则质量守恒方程式(3-1)可转化为体积分数方程,即

$$\frac{1}{\rho_{i}}\left[\frac{\partial(\alpha_{i}\rho_{i})}{\partial t} + \nabla \cdot (\alpha_{i}\rho_{i}\boldsymbol{v}_{i}) = S_{\alpha_{i}} + \sum_{j=1}^{n}(\dot{m}_{ji} - \dot{m}_{ij})\right] \tag{3-4}$$

式中:α_{i} 为单元中每个相的体积分数;ρ_{i} 为各相的密度;n 为流体包含的相数;$S_{\alpha i}$ 为各相质量源项;$\dot{m}_{ji}$ 为从 j 相到 i 相的质量传输;$\dot{m}_{ij}$ 为从 i 相到 j 相的质量传输。

3.3.2 边界条件

激光加工小孔数值模拟模型根据以上守恒方程来建立,但为反映激光加工小孔过程所独有的特性,并使所建立的模型能够提取出试验测量难以提取或不可能提取的量,需要采用适当的边界条件和初始条件。边界条件包括能量边界条件、压力边界条件及边界处质量的转移;初始条件包括初始时刻的温度分布、压力分布、

工件与周围气相空间的初始布局等。其中,能量边界条件是指脉冲激光热源模型作用及零件表面对流、辐射以及等离子体对激光脉冲能量的吸收效应等的精确计算,压力边界条件是指工件所处周围环境压力、材料蒸发反作用力及流动气体压力等;边界上质量转移是指孔壁材料在脉冲激光作用下由于蒸发及喷溅所引起的质量转移,该质量转移与能量边界条件及压力边界条件存在耦合关系。

1. 热源模型

热源模型描述了激光加工小孔过程中激光脉冲能量在材料中的沉积。

激光能量通常为高斯分布,其功率密度的空间分布可用高斯分布表达式表示,即

$$q(x,y,z) = \frac{fQ}{\pi R_b^2} e^{-f\frac{(x^2+y^2)}{R_b^2}} \quad\quad (3-5)$$

式中:Q 为激光功率;f 为表示能量集中程度的系数;R_b 为激光焦点半径。

对于脉冲激光而言,其功率密度分布除与空间位置有关外,还随时间变化,是空间坐标和时间的函数,推导出来的表达式为

$$q(x,y,z,t) = \frac{fe\sqrt{w}}{\pi\sqrt{\pi}R_b^2} e^{-w(t-\frac{\delta t}{2})^2 - f\frac{(x^2+y^2)}{R_b^2}} \quad\quad (3-6)$$

式中:δt 为脉宽;e 为脉冲能量;w 为脉冲波形参数,该值需根据实际脉冲波形进行校核。

不同脉冲形式,如周期性单脉冲、双脉冲及脉冲列等,都是不同形式脉冲单元的周期性重复。这 3 种脉冲形式的基本重复单元分别为单脉冲、双脉冲和脉冲列,在计算过程中,引进一个参量 n 描述不同形式脉冲的基本单元中所含的脉冲数,再结合不同脉冲形式的特殊性,就可以建立不同脉冲形式的统一构建方法。

加工小孔过程中脉冲激光在孔壁处的功率密度不仅与激光脉冲本身的参数有关,还与不同深度处孔的轮廓位置(可以通过界面追踪方法获得,见 3.3.3 节)、激光焦点与工件的相对位置以及激光束聚焦后沿其轴线的传播特性(即激光束品质)有关。

设激光束沿 z 向传播,基模高斯光束光斑半径与 z 坐标的关系为

$$R_b(z) = R_0\sqrt{1 + \left(\frac{\lambda z}{\pi R_0^2}\right)^2} = R_0\sqrt{1 + \left(\frac{z}{f}\right)^2} \quad\quad (3-7)$$

式中:R 为基模高斯光束的腰斑半径,$R_0 = \sqrt{\frac{\lambda f}{\pi}}$;$f$ 为焦距,$f = \frac{\pi R_0^2}{\lambda}$。

图 3-1 给出了 3 种焦点位置条件下高斯光束光斑半径与 z 坐标之间关系的示例,分别为零离焦、0.5mm 正离焦、0.5mm 负离焦的 R_b-z 函数图形。在计算模型所建立的坐标系中,工件上表面的 z 坐标为 $z = 4.5$mm。因此,当 $z_0 = 4.5$mm 时激光焦点位置在工件表面,当 $z_0 = 5.0$mm 时为 0.5mm 正离焦,当 $z_0 = 4$mm 时为 0.5mm 负离焦。

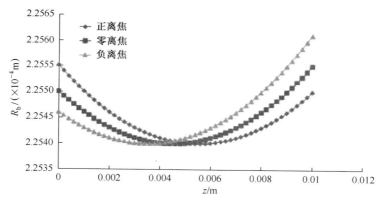

图 3-1　3 种离焦量对应的 R_b 的变化(基模)

对于非基模高斯光束,光斑半径与 z 坐标之间满足以下关系,即

$$R_b V(z) = R_0 \sqrt{1 + \left(\frac{z - z_0}{z_R}\right)^2} \qquad (3-8)$$

式中: $z_R = \dfrac{\pi R_0^2}{M^2 \lambda}$。

光斑半径 $R_b(z)-z$ 函数关系如图 3-2 所示,3 种焦点位置同样分别为 0 离焦、0.5mm 正离焦、0.5mm 负离焦。

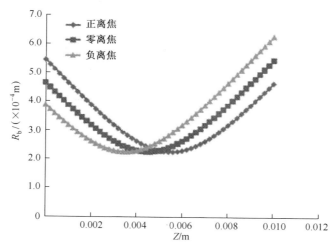

图 3-2　3 种离焦量对应的 R_b 的变化(非基模)

常用脉冲激光加工小孔脉冲形式,如图 3-3~图 3-5 所示,包括周期单脉冲、周期双脉冲及脉冲序列。

每种类型脉冲具有不同的脉冲参数。

周期单脉冲的脉冲参数包括脉冲能量 e、脉宽 dt 及脉冲间隔 Δt(或频率)。

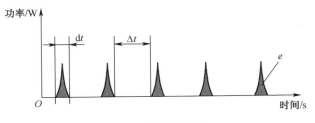

图 3-3 周期单脉冲

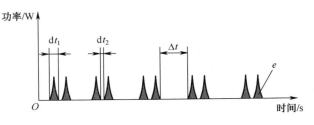

图 3-4 周期双脉冲

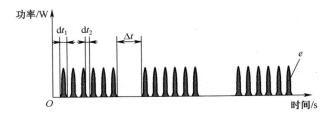

图 3-5 脉冲序列

双脉冲参数包括脉宽 dt_1、脉冲间隔 dt_2,脉冲对间隔 Δt 及脉冲能量 e 存在以下关系,即

$$dt_1 + dt_2 = T_1 \tag{3-9}$$

$$T_1 + \Delta t = T_2 \tag{3-10}$$

式中:T_1 和 T_2 分别为单脉冲周期和双脉冲(脉冲对)周期。

脉冲序列参数包括脉宽 dt_1、脉冲间隔 dt_2、脉冲序列之间的间隔 Δt、脉冲序列中的脉冲数 n 及脉冲能量 e。dt_1、dt_2 及 T_1 之间存在如式(3-9)的关系,另有以下关系,即

$$nT_1 + \Delta t = T_2$$

对于脉冲序列,T_1 为单个脉冲周期,T_2 为脉冲序列周期。

式(3-6)所确定的脉冲激光功率密度空间及时间分布的计算方法涵盖 3 种脉冲形式,可针对上述不同脉冲形式的全部脉冲参数方便调节与计算。

根据式(3-6)所构建的周期单脉冲、周期双脉冲及脉冲序列波形分别如图 3-6~图 3-8 所示。

图 3-6(a)给出脉宽为 200ns、8 种脉冲能量(0.009～0.126J)的周期单脉冲波形。由图 3-6(a)可见,在脉宽相同条件下,脉冲能量不同,脉冲峰值功率有显著差别。图 3-6(b)给出了脉冲能量 1J,脉宽分别为 50ns、150ns 及 250ns 的 3 种脉冲波形。在脉冲能量相同的条件下,随着脉宽增大,脉冲峰值功率下降,对应以上 3 种脉宽的脉冲峰值功率分别为 $7×10^7W$、$2.2×10^7W$ 及 $1.3×10^7W$。

图 3-7 给出的双脉冲示例中,脉宽 $dt_1=2.5×10^{-7}s$,脉冲间隔 $dt_2=7.5×10^{-7}s$,脉冲对间隔 $\Delta t=2.75×10^{-6}s$。

图 3-8(a)所示的脉冲序列由 3 个脉冲组成,脉冲周期 $T_1=1\mu s$,脉冲序列周期 $T_2=6\mu s$,脉宽 $dt_1=0.25\mu s$。图 3-8(b)所示的脉冲序列由 5 个脉冲组成,脉冲周期 $T_1=1\mu s$,脉冲序列周期 $T_2=8\mu s$,脉宽 $dt_1=0.25\mu s$。

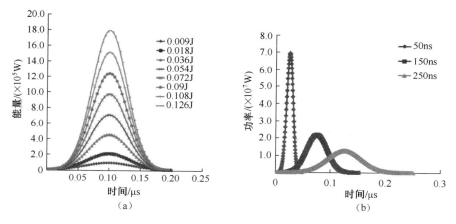

图 3-6　周期单脉冲能量和脉宽对脉冲波形的影响
(a)周期单脉冲;(b)脉宽。

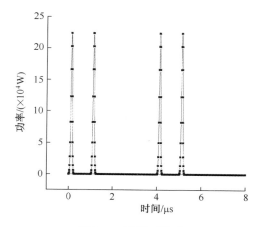

图 3-7　周期双脉冲

脉冲激光作用下所产生的等离子体会影响工件对脉冲能量的吸收。当激光功

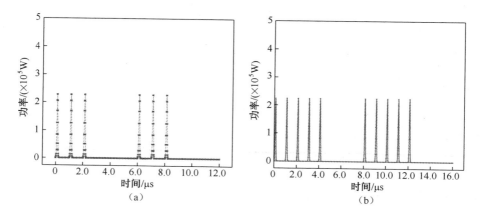

图 3-8　脉冲序列
（a）$n=3$；（b）$n=5$。

率密度超过 10^6 W/cm² 时，被辐照的金属材料表面强烈气化，产生金属蒸气。蒸气中的起始自由电子通过反韧致辐射吸收激光能量而被加速，直至有足够的能量碰撞电离材料和周围气体，使电子密度雪崩地增长而形成等离子体。脉冲激光加工小孔由于其本身特点，在脉冲作用下将产生等离子体。

描述等离子体形成的能量平衡方程为

$$\alpha_P I_L = \varepsilon \sigma_0 (T_P^4 - T_0^4) + \lambda_g (T_P - T_0) \mid r_F \tag{3-11}$$

式中：α_P 为等离子体的辐射吸收系数（取决于气体的电离度）；T_P 为等离子体的最高温度；λ_g 为工作气体的热导率。

由于等离子体的反韧致辐射吸收而导致激光在穿越等离子体时强度发生衰减，其强度变化规律遵循 Beer-Lambert 定律，即

$$I_t = I_{inc} e^{-\alpha_D z}$$

式中：I_{inc} 为入射激光功率密度；z 为激光在等离子体中的穿越距离；I_t 为激光穿越距离 z 后的功率密度；α_P 为等离子体对激光的反韧致辐射吸收系数。

反韧致辐射吸收系数可通过以下公式计算，即

$$\alpha_P = \cfrac{z^2 e^2 n_e n_i \ln \Lambda}{3 \omega^2 c \varepsilon_0^3 (2\pi m_e k T)^{\frac{3}{2}} \left[1 - \left(\cfrac{\omega_{pe}}{\omega} \right)^2 \right]^{\frac{1}{2}}} \tag{3-12}$$

式中：n_i 为离子密度；z 为离子价数；c 为光速；ε_0 为介电常数；k 为玻耳兹曼常数；T 为等离子体温度；ω 为入射激光角频率；ω_{pe} 为等离子体电子振荡角频率；$\ln\Lambda$ 为库仑对数。

反韧致辐射使入射激光能量衰减，同时对激光具有散射、折射作用。由于等离子体对激光的吸收和折射等作用，使工件上所获得的激光功率和功率密度降低。另外，等离子体吸收入射激光能量，温度上升，然后通过辐射的方式将能量传递给

工件,这一过程会造成更多熔化物的产生而导致再铸层。

2. 反作用压力

在脉冲激光作用下,材料产生强烈蒸发,这种强烈的蒸发一方面使材料得到去除,另一方面会产生反作用力作用在小孔壁面上。如果加工小孔过程中有熔化物产生,则反作用压力将影响熔化物的流动和排出。

反作用压力可用式(3-13)计算,即

$$p_r \approx 0.54 p_0 \exp\left(\Delta H_{LV} \frac{T - T_{LV}}{RTT_{LV}} \right) \tag{3-13}$$

式中:p_0 为大气压力;ΔH_{LV} 为蒸发潜热;T、T_{LV} 和 R 分别为孔壁表面温度、液-气平衡温度和气体常数。

3. 其他边界条件

小孔上表面,有

$$k \frac{\partial T}{\partial n} = -h_c(T - T_0) - \sigma \varepsilon(T^4 - T_0^4) - q_v \tag{3-14}$$

$$-p + 2\mu \frac{\partial V_n}{\partial n} = -p_r + \frac{\gamma}{R} \tag{3-15}$$

小孔下表面,有

$$K \frac{\partial T}{\partial n} = -h_c(T - T_0) - \sigma \varepsilon(T^4 - T_0^4) \tag{3-16}$$

$$-p + 2\mu \frac{\partial V_n}{\partial n} = \frac{\gamma}{R} \tag{3-17}$$

式中:k 为热导率;h_c 为对流换热系数;σ 为 Stefan-Boltzmann 常数;ε 为发射率;T_0 为环境温度;n 为法线方向;γ 和 R 分别为表面张力系数和表面曲率半径。

3.3.3 界面追踪

激光对金属材料的穿透深度极小,因此激光能量是通过材料表面被吸收的,在激光加工小孔过程中,孔深和形态是动态变化的,为了正确地描述小孔表面对激光能量的吸收,必须获得小孔界面的位置信息,即进行界面追踪。

目前,界面追踪方法有多种,应用较多的是水平集(Level Set)方法和 VOF(Volume of Fluid)方法以及将二者联合应用的方法。

1. 水平集方法

水平集方法最早由 Osher 和 Sethian 提出,常用于复杂界面两相流动中的界面追踪。在水平集方法中,界面的捕捉通过水平集函数进行,该函数定义为与界面的符号距离,即

$$\varphi(x,t) = \begin{cases} +|d|, & x \in \text{第一相} \\ 0, & x \in \text{界面} \\ -|d|, & x \in \text{第二相} \end{cases} \tag{3-18}$$

式中:d 为与界面的距离。

水平集函数的传输方程为

$$\frac{\partial \varphi}{\partial t} + \nabla(\boldsymbol{u}\,\varphi) = 0 \tag{3-19}$$

式中:$\boldsymbol{u}$ 为速度场。

界面的法向和曲率为

$$\boldsymbol{n} = \frac{\nabla \varphi}{|\nabla \varphi|}\Big|_{\varphi=0} \tag{3-20}$$

$$\kappa = \nabla \frac{\nabla \varphi}{|\nabla \varphi|}\Big|_{\varphi=0} \tag{3-21}$$

因为水平集函数是光滑、连续的,可以精确计算空间梯度,因而用该方法捕捉界面时,界面曲率及由其引起的表面张力的计算比较准确。但水平集方法在体积守恒方面存在缺陷。

2. VOF 方法

这种方法定义多个物相,为每一物相定义一个变量,用该变量表示单元中该相所占比例,即该相在某单元中的体积分数,通过该变量,可以将各相在计算区域中的分布表示出来,从而实现相界面识别。

在每个单元中,所有相体积分数之和为 1。在一个单元中,如果第 i 相的体积分数记为 α_i,那么会有以下 3 种情况之一成立。

- $\alpha_i = 0$:单元中不存在第 i 相。
- $\alpha_i = 1$:单元被第 i 相所充满。
- $0 < \alpha_i < 1$:单元中存在第 i 相和其他相,因此该单元包括相界面。

通过相及相体积分数定义,可将质量守恒方程式(3-1)转化为体积分数方程式(3-4)。

VOF 方法在质量守恒方面不会存在问题,但计算效率较低。为此,如果将 Level set 方法和 VOF 方法结合使用,则可以有效提高计算效率。

3.3.4　多物态转化计算模型

通过上述分析可知,脉冲激光加工小孔过程涉及固、液、气及等离子体等多种物态及其转变,因此本质上是多物态转化计算,需建立多物态转化计算模型。该模型的空间结构具有图 3-9 所示的形式,包括工件和周围的气相空间。在图 3-9 中,$ABCD$ 面为整个计算区域的对称面,$A'B'C'D'$ 为工件对称面,$ABCD$ 面与 $A'B'C'D'$ 面在同一个平面内。

工件周围的气相空间客观上是无限大的,但在建立模型时并不需要考虑如此之大的空间,因为对激光加工小孔产生实质性影响的空间是有限的,计算模型只需包含这部分空间。同时,为缩短计算时间,以经过孔中心的平面为对称面,截取工件及其周围三维空间的一半作为计算区域,如图 3-10 所示。

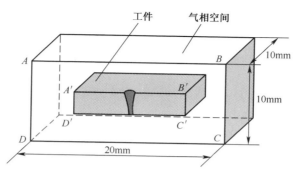

图 3-9　多物态转化计算模型的空间结构

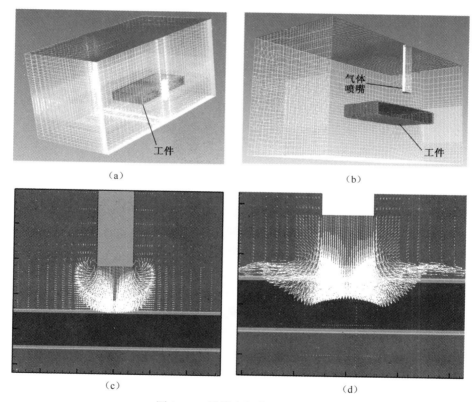

图 3-10　计算空间的网格划分

　　该计算模型网格划分如图 3-10(a)所示。在工件中心欲加工小孔处,由于要精细刻画小孔的形态及对所生成再铸层的量进行计算,可在此处划分细密网格;在其他区域,随着与工件中心距离的增大,网格尺寸逐渐增大。

　　在激光加工小孔过程中采用辅助气体,可能产生两方面积极作用,一是可能有利于吹除等离子体,二是有利于将熔融物从孔中吹出,从而起到减少再铸层的作用。因此计算模型须考虑加工小孔过程中吹气的需要,计算模型中含吹气条件,如

图 3-10(b) 所示,设置了吹气喷嘴。吹气开始后至气流稳定过程中,从喷嘴中喷出的气体流动状态分别如图 3-10(c) 和图 3-10(d) 所示。吹气压力、气体喷嘴直径及喷嘴与工件的距离可通过计算进行优化。

3.4 超短脉冲激光加工小孔过程的建模分析

本节主要介绍超短脉冲激光加工小孔建模分析的双温模型、分子动力学模型。

3.4.1 双温模型

当超短脉冲激光与金属靶材相互作用时,激光能量通过反韧致辐射被金属中的自由电子吸收,自由电子吸收能量后温度迅速升高,然后通过自由电子热扩散将热量传入金属内部,以及通过电子与晶格之间的耦合将能量传递给晶格,使晶格温度升高以实现热烧蚀。在此过程中,自由电子的温度变化及电子与晶格系统之间的能量交换过程可以采用双温模型来描述,即

$$C_e \frac{\partial T_e}{\partial t} = \nabla[K_e \nabla T_e] - \kappa(T_e - T_i) + S \qquad (3-22)$$

$$C_i \frac{\partial T_i}{\partial t} = \nabla[K_i \nabla T_i] + \kappa(T_e - T_i) \qquad (3-23)$$

式中:C_e 为电子热容;C_i 为晶格热容;κ 为电子-晶格耦合系数(电子-声子耦合系数);K_e 为电子热导率;T_e 为电子的温度(K);K_i 为晶格热导率;T_i 为晶格的温度(K);S 为激光热源,其表达式取决于所采用的激光脉冲波形。

双温模型中,将电子与晶格系统当作两个分立的系统进行处理计算,式(3-22)、式(3-23)分别描述了电子和晶格系统的温度变化。式(3-22)中右边第一项表示电子间能量传递的热传导项;第二项为电子-晶格耦合项,表达了电子-晶格之间的能量传递;最后一项为电子吸收激光的能量。而式(3-23)中右边说明了晶格能量的来源,即通过与电子的耦合获取能量。

为了便于对烧蚀过程进行定量计算,需要考虑 3 个特征时间 τ_e、τ_i、τ_L 分别表示电子吸收能量加热的过程、晶格吸收能量温度升高的过程和激光脉冲的持续时间,其中 $\tau_e = C_e/\kappa$ 为电子的加热时间、$\tau_i = C_i/\kappa$ 为晶格的加热时间($\tau_e \ll \tau_i$)、τ_L 为激光脉宽。脉宽 τ_L 可划分为飞秒、皮秒和纳秒 3 个量级,根据不同脉宽对双温方程进行简化。

1. 飞秒

由于电子与晶格耦合时间为皮秒量级,因此,飞秒脉宽小于电子晶格耦合时间,在飞秒脉冲持续时间内,电子来不及将热量传递给晶格,电子温度迅速升高,而晶格温度的变化则较小,电子与晶格能量耦合过程可以忽略,则双温方程简化为

$$C_e \frac{\partial T_e}{\partial t} = -\frac{\partial Q_e}{\partial z} + S \qquad (3-24)$$

当飞秒脉宽更小以至于电子扩散引起的热流也可以忽略时,则双温方程可简化为

$$C_e \frac{\partial T_e}{\partial t} = S \qquad\qquad (3-25)$$

求解式(3-24)和式(3-25)即可获得飞秒激光脉冲作用下电子与晶格的温度变化。

2. 皮秒

皮秒脉宽满足 $\tau_e \ll \tau_L \ll \tau_i$, τ_L 与电子晶格耦合时间相当,因此要考虑双温方程中的热传导项和电子晶格耦合过程,要用完整的双温方程描述。

3. 纳秒

当脉宽满足 $\tau_L \gg \tau_i$ 时,为纳秒量级脉冲,τ_L 远大于电子与晶格碰撞弛豫时间,因此在激光作用过程中,可认为电子与晶格达到热平衡,即 $T_e = T_i = T$,由于 $C_e \ll C_i$,因此可将 C_e 忽略,则双温方程可简化为

$$C_i \frac{\partial T}{\partial t} = \frac{\partial}{\partial z}\left(K_0 \frac{\partial T}{\partial z}\right) + S \qquad\qquad (3-26)$$

式中:K_0 为热平衡时金属的热导率。

从式(3-26)可以看出,纳秒脉冲激光与金属作用过程中,热传递项在方程中占有重要地位,因此在这种加工条件下热扩散作用会十分明显,有足够的脉冲持续时间使激光的能量传导至材料的深处,产生大量的熔融材料层,故加工过程中会有大量的液相金属产生。因此,采用纳秒脉冲激光加工金属很难实现加工的高精度控制。

虽然双温模型是研究飞秒激光加工金属机理过程中应用最广泛的理论,但由于其只能模拟电子和晶格在时间和空间的温度分布,无法模拟出很多加工过程中实际发生的物理过程,如烧蚀物质的压力、能量、喷射速度等,因此近年来诸如流体动力学模型、分子动力学模型也被广泛研究,并结合双温模型力求更准确、更全面地模拟出飞秒激光加工金属的过程。

3.4.2 分子动力学模拟

传统的连续介质力学是一种宏观尺度的数值模拟方法,分子动力学模拟基于经典牛顿运动力学,通过求解单个分子和其他分子间的运动方程,计算每个粒子的瞬时位置、速度和受力等微观信息,应用经典统计物理的相关理论来描述系统的宏观性质。但是分子动力学模型需要进行大量的数值计算,只有纳米尺度上的作用可以建模,这与试验条件还相差甚远。

1. 运动方程

分子动力学模拟本质是为系统中的每个原子求解牛顿运动方程。由 N 个原子组成的物理系统,其牛顿运动方程为

$$\dot{r}_i = \frac{P_i}{m_i} \tag{3-27}$$

$$m_i \ddot{r}_{\mathbf{i}} = F_i = -\nabla_{r_{\mathbf{i}}} U \tag{3-28}$$

式中：P_i、F_i、r_i、m_i 分别为第 i 个原子的动量、所受合力、矢径及质量；U 为原子间相互作用势。从式（3-28）中可以看出，原子所受的合力通过对势能求导获得。

势函数是表示原子间相互作用的函数。原子间的相互作用决定了材料的性质。常用的势函数分为对势和多体势两类。

对势在分子动力学模拟初期经常采用，包括以下几种势函数。

Lennard-Jones 势，即

$$U_{ij}(r) = \frac{A_{ij}}{r^n} - \frac{B_{ij}}{r^6} \tag{3-29}$$

Morse 势，即

$$U_{ij}(r_{ij}) = A\left[e^{-2\alpha(r_{ij}-r_0)} - 2e^{-\alpha(r_{ij}-r_0)}\right] \tag{3-30}$$

Johnson 势，即

$$U_{ij}(r_{ij}) = -A_n(r_{ij} - B_n)^3 + C_n r_{ij} - D_n \tag{3-31}$$

Lennard-Jones 势主要用于描述惰性气体分子间相互作用力；Morse 势和 Johnson 势常用于描述金属固体。对势认为原子间的相互作用是两两之间的作用，与其他原子无关。而实际上，研究对象往往是具有较强相互作用的多粒子体系，相较于对势，多体势更适合于多原子体系。

嵌入原子势（EAM），即

$$U = \sum_i^n F_i(\rho_i) + \frac{1}{2}\sum_{j\neq1}^n \varphi_{ij}(r_{ij}) \tag{3-32}$$

式（3-32）中第号右边第一项 F_i 是嵌入能，第二项是对势。嵌入能和对势需通过对金属的宏观参数拟合来确定。

嵌入原子势适合于金属体系。此外，还有适用于纯金属和二元合金体系的 Finnis-Sinclair 势、适合于 Si 和 Ge 半导体材料的 Stillinger-Waber 势等多种多体势函数。

2. 运动方程的数值求解

多粒子体系的运动方程可采用有限差分方法求解，常见的方法有 Verlet 算法、Leap-Frog 算法、Velocity-Verlet 算法、Gear 算法等。

N. N. Nedialkov 等[29]采用嵌入原子势描述原子之间的相互作用，应用速度 Verlet 算法对运动方程进行求解。通过求解双温方程获得电子温度，其计算模型如图 3-11 所示。整个系统的尺寸为 30nm×1nm×35nm，孔的直径为 12nm。由于模型尺寸是纳米量级的，而实际试件尺寸是毫米量级的，相差 6 个数量级，因此需要对真实条件下的试件尺寸进行比例缩小。其部分计算结果如图 3-12 所示。其中，图 3-12(a) 所示为去除过程的模拟结果，图 3-12(b) 所示为二次去除粒子的角度分布，角度 θ 是与壁面法向所成角。

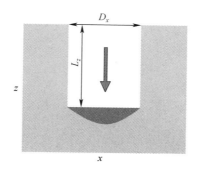

图 3-11　模拟系统

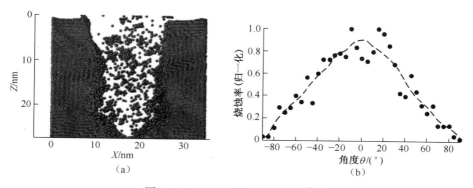

图 3-12　Nedialkov 的计算结果[29]

3.5　脉冲激光加工小孔过程计算结果及实验验证

3.5.1　计算结果

1. 脉冲能量和频率对加工小孔过程的影响

采用脉冲能量 0.126J、0.108J 和 0.018J,脉宽 200ns,频率 31kHz,计算结果如图 3-13 和图 3-14 所示。

图 3-13 给出了脉冲能量为 0.126J,第一个脉冲作用时,激光能量衰减情况与时间的关系。结果显示,自激光脉冲开始发出后 55ns,等离子体即已大量形成,激光脉冲能量衰减达 90%以上。

脉冲能量为 0.108J 和 0.018J 时,激光能量衰减情况与时间的关系分别如图 3-14(a) 和(b)所示,分别为第 8 个脉冲和第 9 个脉冲。

当脉冲能量为 0.108J,第 8 个脉冲作用时才开始产生大量等离子体,如图 3-14(a)所示,而前 7 个脉冲作用时,等离子体未大量形成。当脉冲能量为 0.018J,第 9 个脉冲作用时形成了强烈的等离子体屏蔽作用,如图 3-14(b)所示。

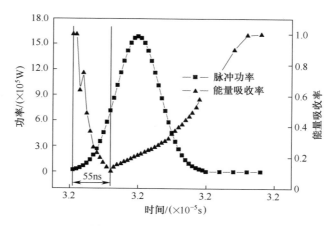

图 3-13　脉冲的能量衰减情况

　　以上计算结果说明,纳秒脉冲激光作用时,等离子体可在数十纳秒内产生,脉冲激光能量不同时,形成大量等离子体的脉冲个数也不相同。当脉冲能量足够高时,第一个脉冲作用时就会大量形成等离子体,而当脉冲能量较低时,需经过多个脉冲之后才会形成等离子体;随着脉冲能量减小,大量形成等离子体所需的脉冲个数逐渐增多。

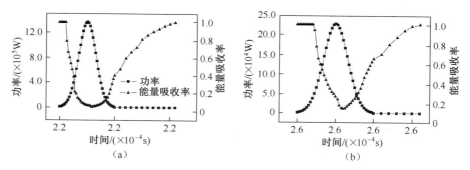

图 3-14　脉冲能量衰减对比

(a)0.108J,第 8 个脉冲;(b)0.018J,第 9 个脉冲。

　　除了脉冲能量外,脉冲频率对等离子体的形成也有影响。为了研究这一个问题,采用如下参数进行计算:脉冲能量 0.0102J,脉宽 20ns,脉冲间隔 20ns,即脉冲重复频率为 25000kHz,材料厚度 1mm。15 个脉冲作用后,激光作用区温度场、速度场及小孔形态如图 3-15 所示。

　　经 105 个脉冲作用后,孔形态如图 3-16 所示,孔深为 0.54mm,仅达到一半厚度,未能穿透。

　　孔深随脉冲数的变化如图 3-17 所示。由图 3-17 可见,孔深随脉冲数的变化呈现 3 个阶段,在 10 个脉冲内,孔深为零;在 10~25 个脉冲作用时,孔深增大速度很快;25 个脉冲之后,孔深增大速度迅速减小,并接近于零。此后再增加脉冲数,孔深变化甚微。

由以上分析可见,除脉宽外,重复频率对等离子体生成也有较大影响。即使采用 20ns 的短脉宽,脉冲能量 0.0102J 条件下,由于重复频率过高,气相温度仍然上升很快,迅速生成等离子体,使脉冲能量很快衰减为零,此时工件的热量来自于等离子体的辐射,因此材料去除速度很低。

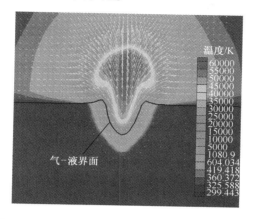

图 3-15　15 个脉冲后温度场、速度场分布及孔形态

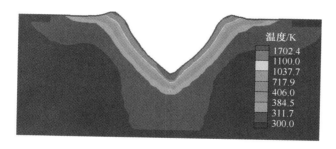

图 3-16　105 个脉冲后的孔形态

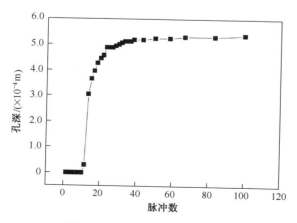

图 3-17　孔深随脉冲数的变化

89

等离子体温度、脉冲功率密度及能量衰减对应情况如图 3-18 所示,图中为前两个脉冲作用情况。其中,图 3-18(a)所示为等离子体温度随时间的变化,图 3-18(b)所示为脉冲能量的衰减情况,图 3-18(c)所示为脉冲功率密度随时间的变化。由图可见,由于脉冲能量过高或脉冲间隔时间过短,气相温度上升很快,迅速生成等离子体,使脉冲能量快速衰减,当第 2 个脉冲发出时,脉冲能量已经衰减到零,即脉冲能量都被等离子体所屏蔽。此时脉冲能量只是起到加热等离子体的作用,使等离子体温度不断升高,工件的热量来自于等离子体的辅射,因此穿孔的速度很低。

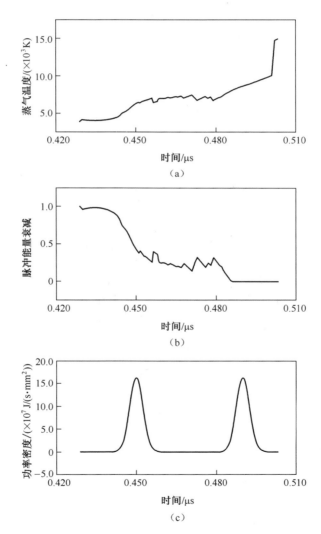

图 3-18　脉冲能量密度衰减与时间的关系

图 3-18 所示的分析方法给出等离子体温度变化、脉冲能量衰减与脉冲功率密

度在纳秒尺度内的对应关系,将物态变化过程的多个变量在同一个时间系列下的变化过程在纳秒脉冲波形中同步分析,是分析纳秒激光加工小孔物态转化规律的有效工具。

2. 脉宽对去除率和再铸层的影响

如前所述,脉宽对激光脉冲的峰值功率密度具有显著影响。为了研究脉宽对材料去除率及再铸层的影响规律,选择 5 种脉宽,即 100ns、200ns、300ns、400ns、500ns,脉冲能量为 0.036J。不同脉宽条件下去除率及再铸层的计算结果如图 3-19 和图 3-20 所示。由图 3-19 可见,随着脉宽的增大,去除率首先迅速降低,而后再转为增大。当脉宽由 100ns 增至 200ns 时,去除率降低最为显著,同时再铸层也迅速减少;当脉宽为 300ns 时,去除率略有降低,而再铸层没有明显变化;脉宽再增大为 400ns 时,再铸层明显减少,去除率略有增大;当脉宽为 500ns 时,去除率和再铸层都有所增加。当采用 100ns 脉宽时,虽然去除率较高,但再铸层也最多。当脉冲能量为 0.036J,采用 400ns 脉宽时,虽然去除率相对于 100ns 降低较多,但仍高于除 500ns 外的其他脉宽的去除率,而再铸层是最少的。

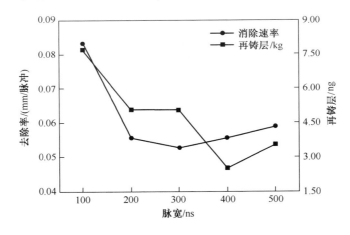

图 3-19　脉宽对去除率及再铸层的影响

前已述及,当脉冲能量一定时,脉宽对脉冲峰值功率有显著影响。减小脉宽使脉冲峰值功率提高,脉冲峰值功率的提高虽有利于提高材料加工区的温度,但也会使等离子体更易于形成。等离子体的形成反过来又会影响材料对激光能量的吸收,从而影响去除率和再铸层。较大的脉宽导致脉冲峰值功率降低,从而使材料去除率显著降低,但等离子体屏蔽作用减弱,对减少再铸层是有利的。由图 3-19 及图 3-20 可见,100ns 脉宽的去除率和再铸层都显著高于其他脉宽。由图 3-19 可见,在 200ns、300ns、400ns 及 500ns 的脉宽条件下,材料去除率都处于一个平台,显著低于 100ns 的情况。

脉宽为 100ns 和 500ns 条件下,加工小孔过程中激光作用区气相温度变化分别如图 3-21 和图 3-22 所示。

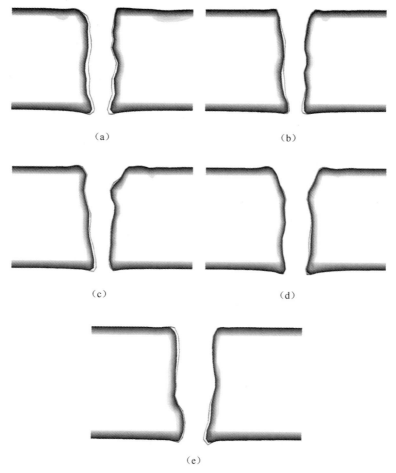

图 3-20　不同脉宽所获得的再铸层对比

（a）100ns；（b）200ns；（c）300ns；（d）400ns；（e）500ns。

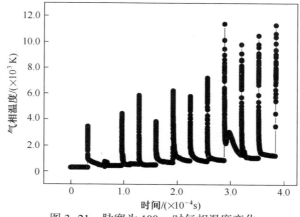

图 3-21　脉宽为 100ns 时气相温度变化

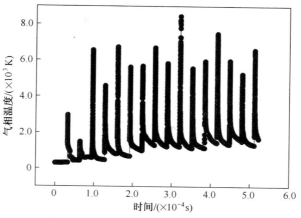

图 3-22 脉宽为 500ns 时气相温度变化

考察在脉冲激光开始作用至孔穿透过程中气相温度变化可以看出,在每个脉冲作用时,气相温度急剧升高,当每个脉冲作用结束时,气相温度迅速降低。在整个加工小孔过程中,随着发出脉冲数的增多,气相温度峰值不断增高,对激光的屏蔽作用逐渐增强。对比图 3-21 和图 3-22 可以看出,当脉宽为 100ns 时,多个脉冲作用时气相温度在 8000K 以上,甚至达到 10000K 以上;当脉宽为 500ns 时,多数脉冲作用时气相温度都在 8000K 以下。因此,脉宽为 100ns 时,等离子体的屏蔽作用将强于脉宽 500ns 时的情况。

脉宽为 100ns 和 500ns 时等离子体的屏蔽作用分别如图 3-23 和图 3-24 所示。图 3-23 所示为不同时刻被工件材料所吸收的激光脉冲能量。通过对比图 3-23 和图 3-24 可以看出,当脉宽为 100ns 时,图 3-23 所给脉冲中后 4 个脉冲作用期间,等离子体的屏蔽作用很强,能被工件吸收的激光脉冲能量基本为零;脉宽为 500ns 时,多数脉冲作用期间,到达工件的脉冲能量未衰减到零,有 20%~50% 的能量被工件所吸收。

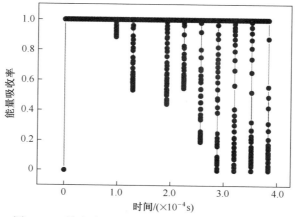

图 3-23 脉宽为 100ns 时材料所吸收激光脉冲能量

93

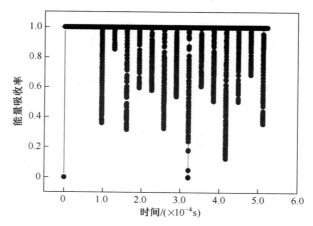

图 3-24　脉宽为 500ns 时材料所吸收激光脉冲能量

以最后一个脉冲为例,在 100ns 和 500ns 脉宽条件下,脉冲作用期间能量衰减对比情况如图 3-25 所示。由图 3-25(a)可见,采用 100ns 脉冲,由于其能量密度高,虽然去除率较高,但由于等离子体屏蔽作用较强,在脉冲作用的大部分时间里,能量衰减为零。由图 3-25(b)知,当脉宽为 500ns 时,虽然脉冲作用期间能量也有所衰减,但由于等离子体屏蔽作用弱,在一个脉冲中有 40% 以上的能量可被工件吸收。

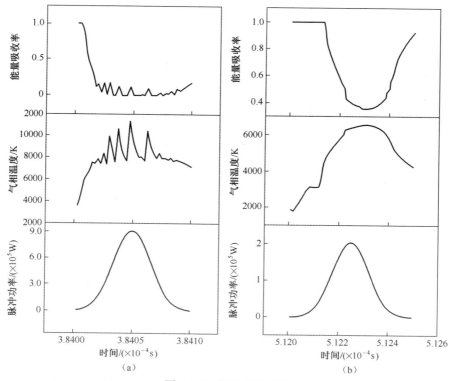

（a）　　　　　　　　　　　　　　（b）

图 3-25　能量衰减对比

脉冲能量与脉宽的组合决定了工件的瞬时热输入功率,这两个参数的选择需要匹配考虑。当脉宽一定时,增加脉冲能量将提高脉冲瞬时功率和峰值功率,而脉冲功率过高将导致等离子体屏蔽作用增强。因此,对一定的脉宽而言,其所能容纳的脉冲能量是有上限的。减小脉宽时,要减小脉冲能量;反之亦然,增大脉宽时,可以增大脉冲能量。这为激光加工小孔提供了两种方案。方案1:短脉宽+小能量方案;方案2:大脉宽+大能量方案。在去除率方面,方案2占优,而在再铸层控制方面,方案1占优。通过脉宽、脉冲能量适当匹配,可在再铸层得到控制的条件下获得较高的去除率。

3. 脉冲间隔时间

采用脉冲间隔时间 Δt 为 $1\mu s$、$2\mu s$、$4\mu s$、$8\mu s$、$1.2\mu s$、$1.6\mu s$、$3.2\mu s$、$6.4\mu s$,脉冲能量0.036J,脉宽200ns,研究不同脉冲间隔时间对脉冲激光加工小孔去除率及再铸层的影响。脉冲间隔时间对材料去除率及再铸层的影响如图3-26及图3-27所示。

脉冲间隔时间过小,如间隔时间为 $1\mu s$ 时,去除率较低,同时再铸层较多。这是由于脉冲间隔时间过短时,前一个脉冲作用后,等离子体还未及消散,下一个脉冲就已到来,由于等离子体的屏蔽作用较强,使后续脉冲起不到去除材料的作用;同时由于热作用较强,使孔周围材料受热作用时间较长,因此再铸层材料较多。当脉冲间隔时间增大为原来的2倍,即 $2\mu s$ 时,去除率显著增大,这是由于脉冲间隔时间延长,使等离子体有足够时间消散,当第二个脉冲到来时,其能量能够作用到材料上,因此去除率显著提高,而再铸层减少。当脉冲间隔时间进一步增大时,再铸层继续减少,但减少的速度越来越小,而去除率不再发生明显变化;这说明,当脉冲间隔增大至一定数值后,对去除率和再铸层没有明显影响。

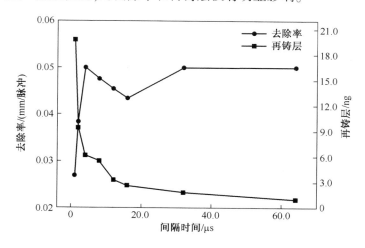

图3-26 脉冲间隔时间对去除率及再铸层的影响

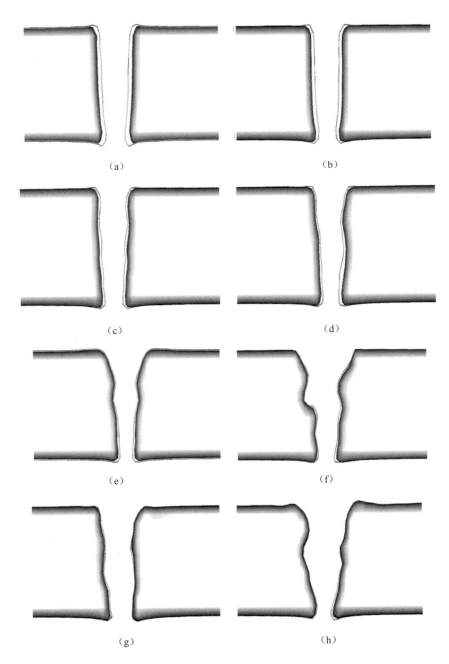

图 3-27　不同脉冲间隔时间所获得的再铸层

(a)脉冲间隔为 1μs;(b)脉冲间隔为 2μs;(c)脉冲间隔为 4μs;(d)脉冲间隔为 8μs;
(e)脉冲间隔为 12μs;(f)脉冲间隔为 16μs;(g)脉冲间隔为 32μs;(h)脉冲间隔为 64μs。

3.5.2　超快激光加工小孔计算结果

本小节针对由热障涂层和高温合金等组成的多层材料超快激光加工小孔过程,计算多层材料超快激光加工小孔过程中的温度和应力分布。

工件材料由陶瓷、黏结层和基体 3 种材料构成,如图 3-28 所示。这 3 种材料的热学、力学性能参数不同。陶瓷为 ZrO_2,厚度为 $120 \sim 150 \mu m$,计算中取 $130 \mu m$;黏结层为 NiCoCrAlY,厚度为 $80 \sim 100 \mu m$,计算中取 $90 \mu m$。基体材料为 DD6,为定向凝固 Ni 基单晶合金。

所用超快激光为皮秒激光,旋切加工,具体参数:脉宽为 2ps,频率为 75kHz,单脉冲能量为 $400 \mu J$,平均功率为 30W,波长为 1030nm。超快激光旋切加工小孔时做高速圆周运动,扫描速度为 $256000 \mu m/s$。

超快激光穿透 3 层材料,所加工小孔的直径为 0.3mm。

实际试件尺寸为 $30mm \times 14.82mm \times 3mm$,由于超快激光热作用区很小,当采用旋切加工小孔时,激光束在工件表面的运动轨迹是圆形,所形成的温度场具有圆形分布特征。因此,为了提高计算效率并保证计算精度,本研究采用圆形模型,考虑到对称性,取 1/4 圆柱建立计算模型。根据图 3-28 所示的材料构成,建立计算模型如图 3-29 所示。

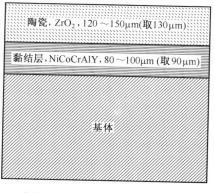

图 3-28　工件材料构成示意图

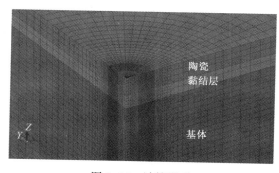

图 3-29　计算模型

超快激光旋切加工小孔时的温度场分布如图 3-30 所示。超快激光旋转半径为 0.15mm,随着材料逐渐被去除,形成环形沟槽,最终形成 $\phi0.33mm$ 的孔。计算结果表明,在超快激光作用下,热作用区范围仅局限于激光作用区域,因此计算模型所选取尺寸是可行的。

超快激光作用下,不同深度时的孔中应力分布如图 3-31 ~ 图 3-33 所示,图中给出了制孔至不同深度时的径向应力和环向应力分布。由图可见,在孔的形成过程中,在陶瓷层中会出现数值相对较高的径向应力和环向应力。

对于由陶瓷、黏结层和高温合金组成的多层结构,由于各层材料热学、力学性能存在差异,在超快激光旋切制孔过程中,其温度和应力分布不均匀,在涂层和黏

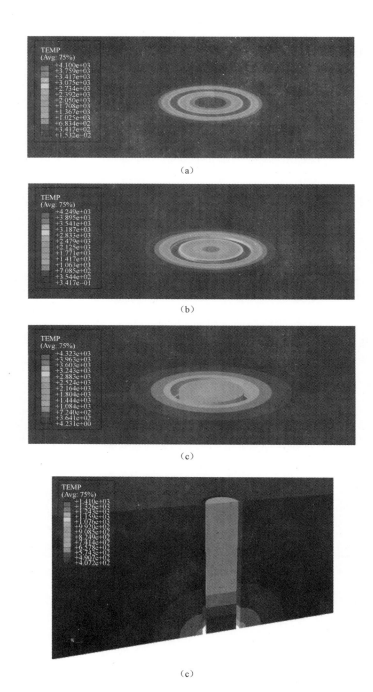

(a)

(b)

(c)

(c)

图 3-30　超快激光作用下温度场分布

结层中,径向应力和环向应力数值较高,当涂层和黏结层质量不高时,涂层有开裂的可能。

98

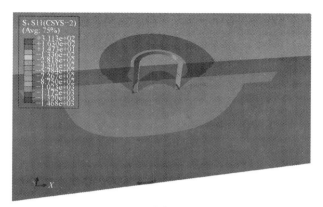

（a）

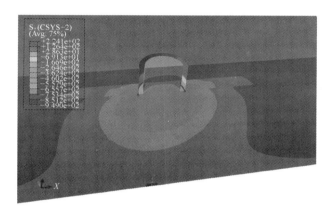

（b）

图 3-31　制孔至 1/4 厚度时的应力分布

（a）径向应力；（b）环向应力。

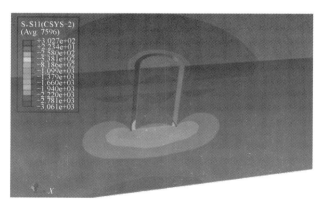

（a）

（b）

图 3-32　加工小孔至 1/2 厚度时的应力分布

（a）径向应力；（b）环向应力。

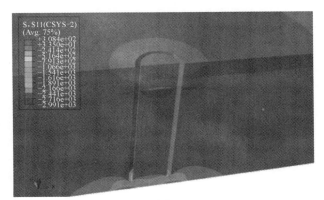

（a）

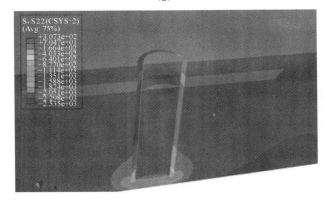

（b）

图 3-33　接近穿透时的应力分布

（a）径向应力；（b）环向应力。

3.5.3　实验验证示例

1. 实验方法及激光参数

采用冲击加工小孔和旋切加工小孔两种方式。

验证中选用的激光波长为530nm,脉宽为10~50ns,输出功率为5~20W,重复频率为1kHz。聚焦透镜焦距为150mm,焦斑直径为75μm。

2. 纳秒脉冲能量对再铸层的影响实验验证示例

实验材料为1mm厚定向凝固高温合金,采用6.4mJ和8.4mJ两种脉冲能量,脉宽20ns,重复频率1kHz。实验结果及计算结果对比如图3-34所示,其中图3-34(a)和(c)所示为实验结果,脉冲能量分别为6.4mJ和8.4mJ。

图3-34(b)和(d)所示为计算结果,分别采用与图3-34(a)和(c)相同的加工小孔参数进行计算。由图3-34(a)和(c)可见,脉冲能量为6.4mJ和8.4mJ时,前者的孔壁再铸层最大厚度仅为2μm,显著少于后者的最大再铸层厚度13.5μm,图3-34(b)和(d)所对应的计算结果分别为2μm和15μm,计算结果与实验结果基本吻合。

3. 纳秒双脉冲激光旋切加工小孔再铸层实验验证示例

实验材料为单晶高温合金,采用纳秒双脉冲激光旋切加工小孔方式进行实验和计算,双脉冲中单个脉冲能量为3.5mJ,双脉冲时间间隔为50ns,重复频率为1kHz。孔截面形貌实验结果和计算结果对比见图3-35,其中,图3-35(a)所示为实验结果,图3-35(b)为计算结果。

由图3-35(a)所示的实验结果可见,孔侧壁有一定的锥度,再铸层在侧壁的分布特点是,在孔中部和底部区域再铸层较厚,最大厚度为33μm,计算结果如图3-35(b)所示,孔侧壁锥度及侧壁上再铸层分布与实验结果吻合。

综上所述,计算结果与实验结果的一致性证明了计算模型及方法的正确性。

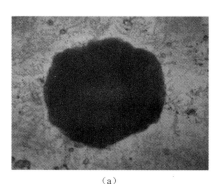
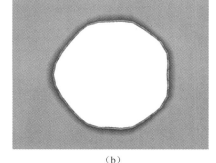

（a）　　　　　　　　　　　　　　　　　（b）

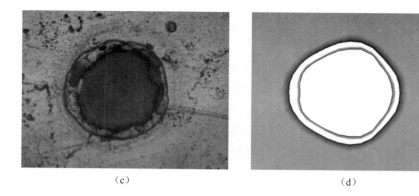

（c）　　　　　　　　　　　　　　　　　　（d）

图 3-34　小孔形貌及再铸层对比

（a）脉冲能量 6.4mJ 实验结果；（b）脉冲能量 6.4mJ 计算结果；（c）脉冲能量 8.4mJ 实验结果；
（d）脉冲能量 8.4mJ 计算结果。

（a）　　　　　　　　　　　　　　　　　　（b）

图 3-35　纳秒双脉冲激光加工小孔截面形貌

（a）实验结果；（b）计算结果。

参 考 文 献

［1］ Evans R G, Bell A R, MacGowan B J, Numerical studies of laser-driven ablatio［J］. Phys. D: Appl. Phys. ,1982,15:711-724.

［2］ Chan C L,Mazumder J. One-dimensional steady-state model for damage by vaporization and liquid expulsion due to laser-material interaction［J］. J. Appl. Phys. ,1987,62(11):4579-4586.

［3］ Modest M F. Three-dimensional, transient model for laser machining of ablating/decomposing materials［J］. Int. J. Heat Mass Transf. ,1996, 39(2):221-234.

［4］ Tosto S. Modeling and computer simulation of pulsed-laser-induced ablation［J］. Appl. Phys. A, 1999,68:439-446.

［5］ Ho J R,Grigoropoulos C P G, Humphrey J A C. Computational study of heat transfer and gas dynamics in the pulsed laser evaporation of metals[J]. J. Appl. Phys. ,1995,78(7):4696–4709.

[6] Ho J R,Grigoropoulos C P G,Humphrey J A C. Gas dynamics and radiation heat transfer in the vapor plume produced by pulsed laser irradiation of aluminum[J]. J. Appl. Phys. ,1996,79(9): 7205–7215.

[7] Ganesh R K,Bowley W W B,Bellantone R R,et al. A model for laser hole drilling in metals[J]. Journal of Computational Physics,1996,125:161–176.

[8] Ganesh R K, Faghri A, Hahn Y. A generalized thermal modeling for laser drilling process-I. Mathematical modeling and numerical methodology [J]. Int. J. Heat Mass Transf. , 1997, 40 (14):3351–3360.

[9] Ruf A,Breitling D,Berger P,et al. Modeling and investigation of melt ejection dynamics for laser drilling with short pulses [J]. Proceedings of the Society of Photo-Optical Instrumentation Engineers(Spie),2003,4830:73–78.

[10] Cho J-H, Na S-J. Theoretical analysis of keyhole dynamics in polarized laser drilling [J]. J. Phys. D:Appl. Phys. ,2007,40:7638–7647.

[11] Girardot J,Lorong P L,Illoul L,et al. Modeling laser drilling in percussion regime using constraint natural element method[J]. Int. J. Mater Form,2017,10(2):205–219.

[12] Kovalev O B,Zaitsev A V. Modeling of the free-surface shape in laser cutting of metals. 2. Model of multiple reflection and absorption of radiation [J]. Journal of Applied Mechanics and Technical Physics,2005,46(1):9–13.

[13] Ng G K L,Crouse P L,Li L. An analytical model for laser drilling incorporating effects of exothermic reaction, pulse width and hole geometry [J]. International Journal of Heat and Mass Transfer,2006,49:1358–1374.

[14] Wang W J,Mei X S,Zhai Z Y. Simulation and experimental study on laser drilling of nickel-based alloy with thermal barrier coatings[J]. Int. J. Adv. Manuf. Technol. ,2017,90:1871–1879.

[15] Willach J,Michel J,HORN A,et al. Approximate model for laser trepanning with microsecond Nd :YAG laser radiation[J]. Appl. Phys. A,2001,79:1157–1159.

[16] Salonitis K,Stournaras A,Tsoukantas G,et al. A theoretical and experimental investigation on limitations of pulsed laser drilling [J]. Journal of Materials Processing Technology, 2007, 183: 96–103.

[17] Satapathy B B,Rana J,Maity K. Numerical prediction of hole profile in laser drilling process and experimental validation[J]. Int. J. Adv. Manuf. Technol. ,2017,90:3099–3107.

[18] Leitz K H,Koch H,Otto A,et al. Numerical simulation of process dynamics during laser beam drilling with short pulses[J]. Appl. Phys. A,2012,106:885–891.

[19] Dumitru G, Romano V R, Weber H P. Model and computer simulation of nanosecond laser material ablation. App. Phys. A,2004,79:1225–1228.

[20] Weidmann P,Weber U,Schmauder S,et al. Numerical calculation of temperature and surface topology during a laser ablation process for ceramic coatings[J]. Meccanica,2016,51:279–289.

[21] Anisimov S I,Kapeliovich B L,Perel'man T L. Electron emission from metal surfaces exposed to ultrashort laser pulses[J]. Zh. Eksp. Teor. Fiz,1974,66(776):375–377.

[22] Nolte S,Momma C,Jacobs H,et al. Ablation of metals by ultrashort laser pulses[J]. JOSA B, 1997,14(10):2716–2722.

[23] Falkovsky L A, Mishchenko E G. Electron-lattice kinetics of metals heated by ultrashort laser pulses[J]. Journal of Experimental and Theoretical Physics, 1999, 88(1): 84–88.

[24] Chen J K, Beraun J E, Grimes L E, et al. Modeling of femtosecond laser-induced non-equlibrium deformation in metal films[J]. International Journal of Solids and Structures, 2002, 39(12): 3199–3216.

[25] Bulgakova N M, Bourakov I M. Phase explosion under ultrashort pulsed laser ablation: modeling with analysis of metastable state of melt[J]. Applied Surface Science, 2002, 197: 41–44.

[26] Byskov-Nielsen J, Savolainen J-M, Christensen M S, et al. Ultra-short pulse laser ablation of copper, silver and tungsten: experimental data and two-temperature model simulations [J]. Appl. Phys. A, 2011, 103: 447–453.

[27] Saghebfar M, Tehrani M K, Darbani S M R, et al. Femtosecond pulse laser ablation of chromium: experimental results and two-temperature model simulations [J]. Appl. Phys. A, 2017, 123: 28–36.

[28] Nedialkov N N, Atanasov P A. Molecular dynamics simulation study of deep hole drilling in iron by ultrashort laser pulses[J]. Applied Surface Science, 2006, 252: 4411–4415.

[29] Sonntag S, Roth J, Trebin H R. Molecular dynamics simulations of laser induced surface melting in orthorhombic Al13Co4[J]. Appl. Phys. A, 2010, 101: 77–80.

[30] Sonntag S, Roth J, Trebin H-R, et al. Molecular dynamics simulations of cluster distribution from femtosecond laser ablation in aluminum[J]. Appl. Phys. A, 2011, 104: 559–565.

[31] Ivanov D S, Lipp V P, Veiko V P, et al. Molecular dynamics study of the short laser pulse ablation: quality and efficiency in production[J]. Appl. Phys. A, 2014, 117: 2133–2141.

[32] Roth J, Trebin H-R, Kiselev A, et al. Laser ablation of Al-Ni alloys and multilayers [J]. Appl. Phys. A, 2016, 122: 500–512.

第4章　激光加工小孔工艺

激光加工小孔通常采用脉冲激光,根据脉冲宽度的不同,包括毫秒脉冲激光、纳秒脉冲激光、皮秒脉冲激光、飞秒脉冲激光。毫秒脉冲宽度一般为1ms左右,纳秒脉冲宽度范围从几纳秒至几百纳秒,皮秒脉冲宽度为数皮秒至几十皮秒,飞秒脉冲宽度一般为数百飞秒。本章主要介绍不同脉冲宽度及其不同脉冲结构形式激光加工小孔的参数特点,加工小孔的基本特性、工艺优化结果,包括在表面制备热障涂层高温合金加工小孔,以及激光加工异型孔、加工无锥度小孔、在复合材料上加工小孔的研究成果。

4.1　毫秒脉冲激光加工小孔工艺

4.1.1　毫秒脉冲激光旋切加工小孔

激光加工小孔首次应用即为毫秒脉冲激光冲击加工小孔,由于毫秒脉冲宽度的YAG激光器脉冲能量大,脉冲频率为数十赫至数百赫可调,加工较大深度小孔的效率高。因此,始终在激光加工小孔领域广泛应用,但由于与材料作用具有较大的热影响,小孔质量相对较差,所以,改进毫秒激光加工小孔工艺方法并优化工艺参数,以减少孔壁再铸层、避免微裂纹产生,是提高毫秒脉冲激光加工小孔质量的主要努力方向。

下面以瑞士LASAG公司生产的KLS522型毫秒脉冲激光器旋切加工小孔为例介绍提高加工小孔质量的方法[1-4]。表4-1所列为该激光器的主要技术参数范围。

表4-1　KLS522型YAG激光器参数范围

平均功率/W	脉冲频率/Hz	脉冲能量/J	峰值功率/kW	脉冲宽度/ms
450	1~300	最大50	最大20	0.1~10

为了提高小孔质量,实际采用的旋切加工路径如图4-1所示。

与通常旋切加工小孔路径不同,首先激光在圆心通过冲击加工穿透材料,再从中心 O 点直线运动至圆周,实现沿圆周切割,最后再回到圆心。

旋切加工小孔工艺参数包括以下几个。

① 激光参数,如脉冲能量、频率及脉冲宽度。

② 切割工艺参数,如切割速度。

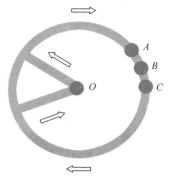

图 4-1　旋切加工小孔示意图

③ 由于采用辅助吹气方式,因此还包括吹气种类及吹气压力。

试验材料:DZ125 定向凝固高温合金。

图 4-2 和图 4-3 分别为选择不同的激光脉冲宽度、脉冲频率与旋切加工小孔孔壁再铸层最大厚度的关系曲线。在图 4-2 中,0.6ms 以下的数据点的脉冲能量为 1.7J,0.8ms 以上的脉冲能量为 2.4J 左右,图 4-3 中 4 个数据点的脉冲能量分别为 1J、0.9J、0.6J 及 0.45J。

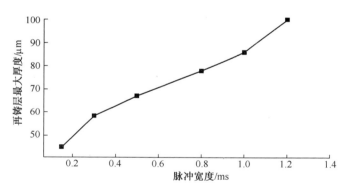

图 4-2　YAG 激光脉冲宽度与旋切加工小孔孔壁再铸层最大厚度的关系曲线

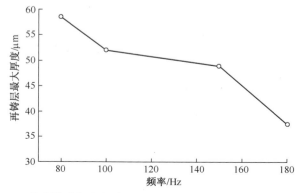

图 4-3　YAG 激光脉冲频率与旋切加工小孔孔壁再铸层最大厚度的关系曲线

由图 4-2 可见,减小脉冲宽度、脉冲能量,再铸层更薄;增高脉冲频率并降低脉冲能量,再铸层相应也更薄。上述趋势的前提是在较小脉冲能量条件下,能量密度及功率密度足够高,可以充分熔化、气化相应深度试件材料,实现有效成孔。

表 4-2 所列为不同旋转切割速度加工小孔质量的对比。由表 4-2 可见,降低切割速度有利于再铸层减薄,而且可以得到无明显微裂纹的结果。

表 4-2　不同旋转速度加工质量比较

孔号	旋转速度为 0.1mm/s		旋转速度为 0.4mm/s	
	再铸层最大厚度/μm	微裂纹状况长度(深入基体长度)/μm	再铸层最大厚度/μm	微裂纹状况长度(深入基体长度)/μm
1	42	无	77	20
2	52	无	68	无
3	51	无	50	16(6)
4	66	无	62	无
平均值	52		65	

基于大量的工艺试验及分析,毫秒脉冲 YAG 激光加工小孔优化的加工工艺参数如下。

①加工方式:旋转切割加工;旋转切割速度小于 0.2mm/s;辅助气体为氧气。

②吹气压力:大于 1.0MPa,若条件允许,辅助吹气压力可以提高到 1.5MPa。

③激光参数:脉冲宽度为 0.1~0.15ms;频率为 60~80Hz;脉冲能量为 1~2J。

其中,脉冲宽度已为 KLS522 型激光器的极限值,选取的激光参数具有小能量、窄脉宽、高频率的特点。

上述旋切加工方式及其选择的工艺参数特点对提高小孔质量的原因分析如下。

加工时必须选择足够的能量并保证激光首先在 O 点贯通,这样在激光切割成孔过程中,使熔融物在高压辅助气体的作用下得以顺利排除。显然,压力越高,剪切力越大,去除效果越好。以氧气作为辅助气体,金属材料会与氧气发生氧化反应而放出大量的热,这不但加速金属熔融、气化,而且在切割进程中,使激光束位于 B 点时(图 4-1),对 C 点区域有预热作用,而对 A 点区域进行缓冷,从而降低了切口区的温度梯度,增强了熔融金属的流动性,切割速度越低,这种预热、缓冷作用越明显。所以,在选择较理想的激光参数以提高激光功率密度的同时,采取旋转切割方式及适当的旋转速度并辅以高压吹氧加工可以使小孔孔壁再铸层及微裂纹状况得以明显改善。

表 4-3 所列为选用以上优化参数旋切加工与定点冲击加工小孔质量对比,定点冲击加工为达到同样的孔径要求,增加了激光脉冲能量及脉冲宽度。

表 4-3　两种加工方式加工叶片试验件小孔金相分析结果

孔号	冲击加工方式		旋切加工方式	
	再铸层最大厚度/μm	是否存在微裂纹	再铸层最大厚度/μm	是否存在微裂纹
1	128	存在	30	不存在
2	107	存在	45	不存在
3	86	存在	37	不存在
4	111	存在	28	不存在
5	140	存在	45	不存在
6	114	存在	34	不存在
7	69	存在	26	不存在

由表 4-3 可见,优化工艺后的旋切加工方式,再铸层厚度多为 $20\sim30\mu m$,小于 $50\mu m$,与冲击加工小孔的再铸层平均厚度 $50\sim60\mu m$、最大厚度 $80\mu m$ 相比,有了明显的提高。表 4-3 中所测再铸层的微裂纹状况是金相试样低倍放大检测的结果,见图 4-4 和图 4-5,再铸层形貌的细节见图 4-6 和图 4-7。

在图 4-4 中,孔壁再铸层厚度在 $30\mu m$ 左右,未发现微裂纹。图 4-5 中所示,为孔壁局部放大照片,再铸层厚度为 $20\sim30\mu m$,未发现微裂纹。图 4-6 所示为再铸层进一步放大至 1500 倍,可见再铸层呈明显分层结构,临近基体。由于冷却速度快,为沿孔径向生长的柱状晶。图 4-7 显示个别孔孔壁局部放大后,由于材料内存在的碳化物杂质,再铸层内微裂纹由此处产生并进入基体,材料本身状态与微裂纹产生直接相关。

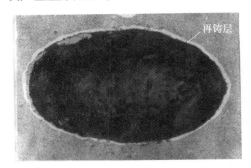

图 4-4　旋切加工斜孔横截面放大 50 倍的金相照片　　图 4-5　扫描电镜观察孔壁局部再铸层

实际上,扫描电镜观察到孔壁表面上的微裂纹非常细小,密密地交织成网状,呈明显的龟裂现象,但极少深入再铸层内,见图 4-8~图 4-10。

由图 4-8 可见孔壁表面呈明显的龟裂现象,图 4-9 显示孔壁呈明显的高压气体吹动下液体流淌凝固后留下的痕迹,裂纹交织成网状。图 4-10 所示为进一步缩小放大倍数,可见裂纹细小,交织成网状。

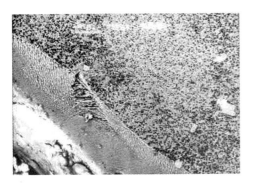

图 4-6　放大 1500 倍扫描电镜
观察孔壁再铸层照片

图 4-7　孔壁再铸层放大 400 倍
的金相照片

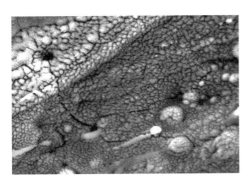

图 4-8　放大 4000 倍扫描电镜观察到的
孔壁表面微裂纹状况

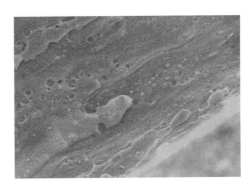

图 4-9　放大 800 倍扫描电镜观察到的
孔壁表面形貌

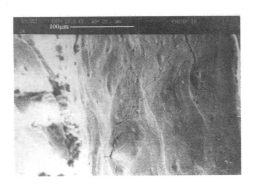

图 4-10　放大 400 倍扫描电镜观察到的孔壁表面微裂纹状况

　　总之,采用小能量、窄脉宽、高频 YAG 激光高压吹氧旋切加工小孔,孔壁微观质量得到明显提高,再铸层变薄,低倍扫描电镜下观察,未发现微裂纹。通过孔壁表面放大数百甚至上千倍后观察,发现微裂纹依然存在,细小交织成网状,类似于龟裂,但在小孔孔壁截面的金相检查中并未发现微裂纹,说明绝大多数微裂纹分布于再铸层表面非常浅的深度内。不同于激光冲击加工小孔产生的微裂纹,微裂纹相对粗大,分布密度小得多,而且微裂纹裂口尖锐易扩展,易进入基体。

4.1.2 毫秒脉冲激光加工大倾角、大深径比小孔

本小节主要介绍采用毫秒激光加工较大深度(在 10mm 以上)、大长径比(最大超过 20∶1)小孔以及大倾角(最大倾角超过 80°)小孔试验结果。

1. 大深度、大长径比小孔加工

试验参数:脉冲宽度 0.8ms,单脉冲能量最高可达 18J,焦距 150mm,偏聚量为-3mm。

工艺方法:冲击与旋切组合方式,即首先采用冲击方式加工成通孔,然后采用旋切方式进行扩孔及孔壁修饰,如图 4-11 所示。

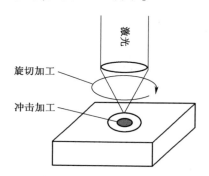

图 4-11　激光小孔加工方式示意图

1) 10mm 深小孔加工结果

试验材料:10mm 厚 GH3536 高温合金。孔加工时间为 20s,实际加工小孔出口孔径为 0.5mm,深径比达到 20∶1。孔口光学显微形貌见图 4-12(a),圆整度及孔边缘质量均一般,孔口周边没有明显的溅落物存在,孔纵截面见图 4-12(b)。

小孔纵截面金相试样扫描电镜分析表明,孔壁存在氧化层和再铸层及微裂纹,如图 4-13(a)和(b)所示。小孔入口氧化层最大厚度约为 10.2μm,再铸层最大厚度约为 32.5μm;小孔出口氧化层和再铸层最大厚度分别约为 30.4μm 和41.7μm,均大于小孔入口氧化层和再铸层厚度,如图 4-13(c)和(d)所示。

微裂纹多数分布在氧化层内,并且几乎与小孔径向平行。少量微裂纹贯穿氧化层和再铸层甚至延伸到基体中,如图 4-14(a)~(d)所示,贯穿氧化层和再铸层并延伸到基体中的微裂纹在基体中均沿着晶界扩展。

2) 15mm 深小孔加工结果

针对 10mm 深小孔侧壁存在氧化层、再铸层较厚以及微裂纹深入基体等问题,进行了工艺改进。改进措施主要是在第一次冲击及旋切制孔组合加工(时间增加至 40s)的基础上,增加一次旋切加工,旋切时间为 10s,用于对小孔作进一步修饰。实际加工孔出口孔径为 0.65mm,深径比达到 23∶1。图 4-15(a)所示为孔入口形貌,孔圆整及孔壁光滑度变差。孔纵截面如图 4-15(b)所示。

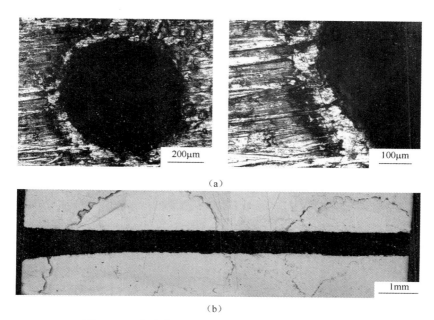

（a）

（b）

图 4-12　毫秒激光加工 10mm 深小孔光学显微照片
（a）孔入口形貌；（b）孔纵截面形貌。

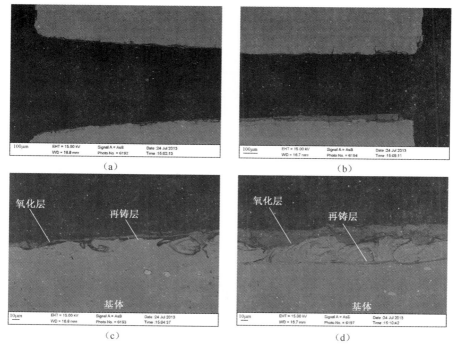

（a）　　　　　　　　　　　　　（b）

氧化层　　　再铸层　　　　　　氧化层　　　再铸层

基体　　　　　　　　　　　　基体

（c）　　　　　　　　　　　　　（d）

图 4-13　毫秒激光加工小孔纵截面扫描电镜照片
（a）孔入口；（b）孔出口；（c）孔入口局部放大；（d）孔出口局部放大。

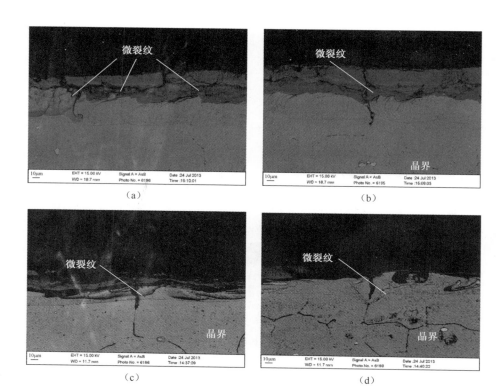

图 4-14　毫秒激光加工小孔孔壁微裂纹扫描电镜照片

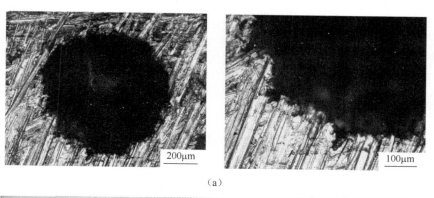

图 4-15　毫秒激光加工 15mm 深小孔光学显微照片
(a)孔入口形貌;(b)孔纵截面形貌。

小孔纵截面金相试样扫描电镜分析表明,小孔侧壁仅局部存在氧化层和再铸层,最大厚度分别为 5.4μm 和 16.7μm,远小于未改进工艺加工 10mm 深小孔的结果,如图 4-16(a)所示。而且氧化层和再铸层中未发现明显的贯穿氧化层和再铸层并延伸到基体的微裂纹,如图 4-16(b)所示。

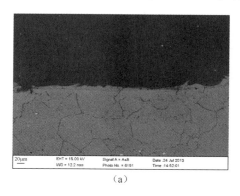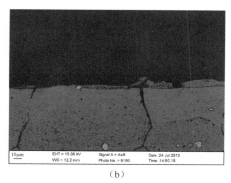

(a)　　　　　　　　　　　　　　(b)

图 4-16　毫秒激光加工小孔纵截面扫描电镜形貌

2. 大倾角小孔加工工艺

如前所述,激光加工小孔的方法主要有定点冲击法和旋切加工法,其中旋切加工小孔切割路径为圆形,圆弧插补平面垂直于光轴,切割具体路径见图 4-17,切割轨迹移动顺序为 O—1—2—3—4—5—6—O,孔径取决于切割半径及激光光斑大小。

由于旋切加工小孔精度高,孔壁、孔口表面质量好等优点(图 4-18),目前在航空发动机叶片、燃烧室等热端零件气膜冷却孔加工中广泛使用。加工质量好的一个重要原因是在旋切加工过程中采用与聚焦激光光束同轴的喷嘴(通常为圆锥形)辅助吹氧气或辅助吹高压氩气或氮气、压缩空气,这样在加工过程中形成的熔化物在一定压力及流速的气流作用下易于从形成的切缝通道中被去除,从而尽可能避免熔化物围绕孔壁和在孔口再次凝固形成再铸层、毛刺等,气体压力大,流速高,去除效果更好。

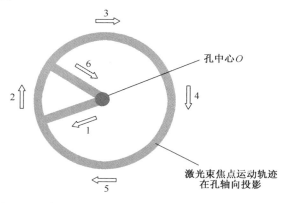

图 4-17　激光旋切加工小孔路径在孔轴方向的投影示意图

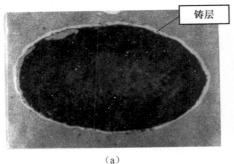 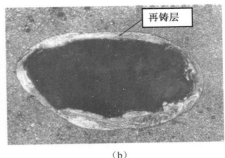

铸层

再铸层

(a)　　　　　　　　　　　　　　　(b)

图 4-18　旋切加工与冲击加工斜孔横截面再铸层状况对比

(a)激光旋切加工小孔；(b)激光冲击加工小孔。

随着航空发动机的发展，如新型的涡轴发动机回流燃烧室需要加工大倾角小孔，小孔轴线与工件表面法向夹角超过 75°甚至达到 85°，小孔的深径比最大超过 20：1。针对大倾角小孔加工，通常的旋切加工方式将难以实施，见图 4-19。

在小倾角小孔加工时，喷嘴可以贴近工件，激光焦点(一般位于喷嘴下方 1~5mm)可以调整为位于工件表面或内部，但如果小孔的倾角过大，由于喷嘴制造的锥度限制以及旋切加工需要，工件或喷嘴以孔轴为中心做圆弧插补运动，为了避免碰撞干涉，喷嘴出口端无法进一步靠近工件表面，导致激光焦点无法调整于工件内部甚至表面，被迫采用上偏焦(也称为正离焦)，该问题导致激光旋切加工小孔的负面效应有以下几点。

①激光与工件作用为上偏焦时，会导致与材料热作用的激光功率密度及能量密度显著下降。

②由于气体作用距离增加，作用于切缝的气体压力及流速会明显降低。

③由于旋切加工是采取喷嘴与工件在与光轴方向垂直的水平面内做圆周相对移动，过大的倾角导致加工小孔时，在圆周不同位置，喷嘴与工件的间距，相应焦点位置的差异明显，造成加工小孔沿圆周的一致性差。

又由于大倾角小孔的深径比要大很多，如 1.2mm 工件，加工 60°倾角小孔，深度仅 2.4mm，若倾角为 82.5°，小孔深度急剧增加至 9.2mm。因此，采用通常的旋切辅助吹气方式加工大倾角小孔将直接导致加工小孔质量、效率的下降，不同于垂直加工小孔，加工小孔的深度、深径比受到限制，工件越厚倾角越大，上述负面效应越明显。

为了解决上述问题，提出了一种新的旋切加工小孔方法(专利授权号为 ZL201310367495.7)，用于提高加工大倾角小孔的性能及质量，增加加工小孔的深度，实现大倾角小孔高效、高质量加工。

该旋切加工方法见图 4-20。其中激光束 6 的中心轴 7 倾斜于工件 1 表面，但切割路径插补平面并非垂直于中心轴 7，而是工件表面(如果为平面)或与加工斜孔 2 位于工件表面中心点 3 相切的平面，也就是运动轨迹插补平面垂直于通过斜孔 2 中心轴 6 与工件上表面交点 3 的法线 4。

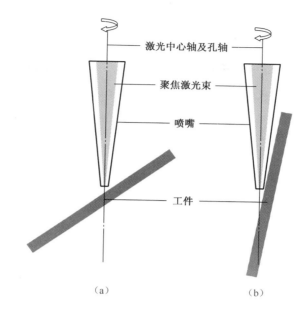

图4-19 采用圆锥形喷嘴辅助吹气加工不同倾角小孔示意图
（a）小倾角小孔加工；（b）大倾角小孔加工。

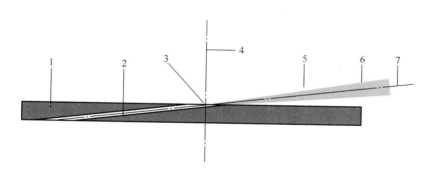

图4-20 旋切加工小孔新方法示意图

为了实现上述方法加工大倾角小孔，实际切割插补路径将从原来的圆形改变为椭圆形，（图4-21），椭圆长短轴的尺寸将取决于小孔倾斜角度、孔径要求及加工试验结果。另外，为了实现喷嘴5尽量贴近工件1表面，从而保证焦点位于工件表面甚至可以调整至工件内部（有利于加工大深径比小孔）而避免碰撞干涉。根据加工小孔倾角的大小，将圆锥形喷嘴靠近工件表面一侧铣削为更大斜角的平面（图4-22），切割轨迹移动顺序为 O—1—2—3—4—5—6—O。

采用上述新的方法在旋切加工大倾角小孔时，激光焦点位置始终位于工件表面，喷嘴与工件的间距也不会发生变化，尤其是喷嘴结构设计的改变，喷嘴可以尽量贴近工件表面，有助于增大焦点调节范围，使激光可以聚焦于工件内部。因此，该方法可以避免在垂直孔轴平面进行圆弧插补旋切加工小孔导致焦点位置变化、喷嘴出口及侧面不能贴近工件表面等固有问题,有效提高加工小孔的稳定性和一致性。

在实际操作时,如果采用工件倾斜、加工头垂直于工作台 X-Y 平面的方式,在加工孔轴线与工件表面交点相切面内旋切插补路径的编程,可以采用倾斜平面加工轨迹编程的方式;如果采用工件待加工孔轴线与工件表面交点相切面平行于工作台 X-Y 平面,加工头倾斜加工的方式,则可以直接在 X-Y 平面内进行椭圆轨迹插补编程加工。

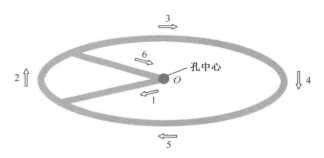

图 4-21　改进的旋切加工轨迹

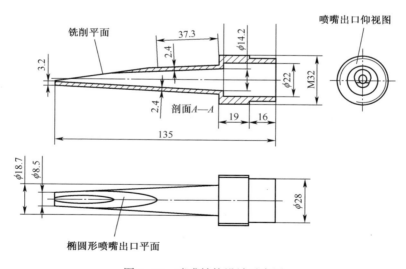

图 4-22　喷嘴结构设计示意图

图 4-23 所示为采用该方法在 1mm 厚 GH3536 高温合金上加工倾角为 80° 的小孔,激光脉冲宽度为 0.3ms,脉冲能量为 3.6J,同样采用了两次旋切加工,第一次旋切速度为 10mm/min,第二次旋切速度为 30mm/min,实际加工孔径为 0.4mm。图 4-23(a)所示为孔剖面扫描电镜照片,孔壁较为光滑,孔锥度基本不存在;图 4-23(b)所示为金相腐蚀后的孔纵截面扫描电镜照片;图 4-23(c)所示为金相

试样孔入口纵截面局部放大视图,孔壁存在明显再铸层,但最大厚度可以控制在 $50\mu m$ 之内,满足相应航空发动机燃烧室零件气膜孔加工的技术要求。

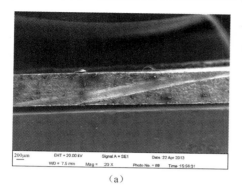

(a)

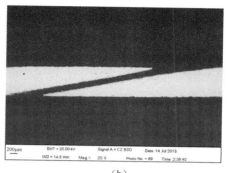

(b)

(c)

图 4-23　毫秒激光旋切加工 80°倾角小孔形貌

(a)剖面扫描电镜图;(b)金相腐蚀后孔纵截面;(c)孔入口纵截面局部放大。

4.1.3　毫秒脉冲激光加工表面制备热障涂层高温合金小孔

试验所用高温合金试件的厚度为 2mm,热障涂层采用等离子喷涂完成,涂层厚度为 0.4mm。

图 4-24 所示为脉冲能量 0.9J、0.2ms 脉宽的激光旋切加工 $\phi 0.3mm$ 的孔,激光聚焦后,经计算在焦点位置的能量密度约为 2800J/cm²。

图 4-24(a)显示孔口周围沉积大量飞溅物,陶瓷材料堆积在孔边缘形成环形火山口状突起,孔内出现明显的裂纹。图 4-24(b)所示为孔的截面,明显看出涂层下面的金属发生了严重的熔化现象,出现了厚度近 $200\mu m$ 的再铸层及 $50\mu m$ 的热影响区,形状类似于激光焊接形成的熔池形貌。局部放大的图 4-24(c)显示热障涂层与黏结层之间存在明显的开裂现象,图 4-24(d)表明再铸层存在微裂纹。

为了分析图 4-24 所示涂层与金属结合区域热影响、热致缺陷,如涂层开裂、再铸层、微裂纹等异常严重的原因,开展了采用相同能量密度的毫秒脉冲激光从制备

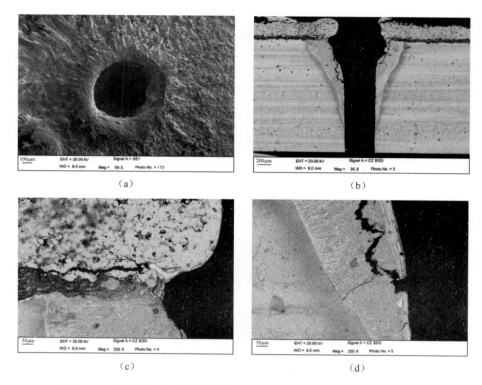

(a)　(b)　(c)　(d)

图 4-24　低能量密度毫秒脉冲激光加工带热障涂层高温合金小孔形貌

热障涂层的高温合金试样背面加工小孔试验,图 4-25 所示为加工结果。

图 4-25(a) 所示为孔出口,穿透热障涂层,周围没有飞溅物及熔渣堆积,图 4-25(b) 表明小孔成形形貌较好,但涂层仍产生了明显的分层及开裂现象,见图 4-25(c) 和(d) 显示。孔壁存在再铸层,厚度约为 15μm,为柱状晶形态,而且金属再铸层表面覆盖了热障涂层的重凝层,重凝层裂纹明显,呈分层状态。

对比分析结果可以认为,在图 4-24 所示的激光加工小孔过程中,热障涂层首先受到激光辐照,其熔点高达 2700℃ 。此时,由于激光产生的能量密度无法促使涂层材料迅速发生熔化,热量积累于热障涂层并向金属基体快速传导,而位于涂层下方的金属熔点仅为 1400℃ ,温度超过熔点的金属会首先熔化,温度足够高的区域开始气化。由于金属熔化、气化初始阶段热障涂层尚未完全去除,而处于封闭状态,导致熔化物、气化物排除困难,积累热量难以快速散发。因此,热影响极大,导致极厚的熔化重凝层(再铸层)。当熔池区域的金属蒸气压足够大时,会冲开脆性较大的热障涂层成孔。

图 4-25 比图 4-24 所示的加工效果要好得多。因为是先去除金属再去除热障涂层,位于孔出口的涂层表面不再存在明显的金属熔融重凝的飞溅物,但金属孔壁存在后熔化去除的热障涂层重凝物。由于图 4-25 所示加工孔过程内部的金属蒸气压与图 4-24 所示制孔一样,仍然是导致热障涂层去除的主要因素之一,因此受

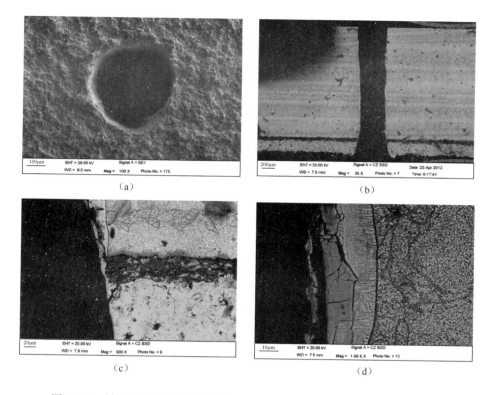

图4-25　低能量密度毫秒激光从金属面加工带热障涂层高温合金小孔形貌

约束的金属蒸气压极易导致热障涂层与金属基体的结合部位产生开裂。

由于毫秒激光作用过程热影响较大，温度梯度在产生热应力导致再铸层极易开裂的同时，会促使熔融物定向凝固，生成呈柱状晶形态的再铸层。

图4-26所示为脉冲能量2J、重复频率30Hz、脉宽0.2ms的毫秒激光从制备热障涂层试样表面旋切加工小孔的结果。

由于单脉冲能量提高，在试样表面形成的能量密度提高到约6300J/cm²，能量密度的提升极大提高了热障涂层热积累的速度，表面陶瓷层在较高能量密度下迅速熔化，并在辅助气体作用下，从入口孔喷出，形成孔口周围的熔渣，如图4-26（a）所示。图4-26（b）所示为小孔的截面扫描电镜照片，由于陶瓷材料主要以熔融物形态去除，对脆性的陶瓷产生的机械冲击力作用较小，陶瓷层内及陶瓷与黏结层之间没有产生裂纹，相对低能量密度激光加工小孔，孔壁再铸层厚度增加到20μm。从图4-26（c）可观察到，在孔壁的黏结层部位同样出现了再铸层，其形貌与金属部位的再铸层有明显区别。

采用EDS能谱仪对图4-27（a）中孔壁上附着的一层不同于黏结层、金属基体及金属再铸层的材料成分进行线扫描分析。图4-27（b）所示为采集的元素分布数据。

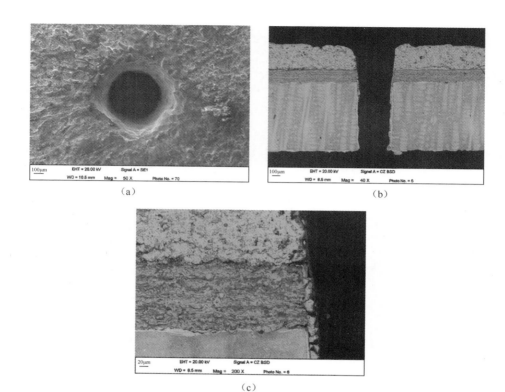

图 4-26　高能量密度毫秒激光在带热障涂层镍基高温合金加工小孔形貌
（a）入口形貌；（b）孔纵截面；（c）涂层和金属结合处的重新凝固材料。

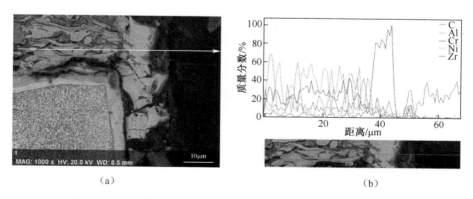

图 4-27　孔壁涂层与金属结合区域再铸层 EDS 能谱线扫描分析
（a）线扫描谱；（b）涂层与合金结合处的凝固材料。

　　结果表明，这部分材料的 Zr 元素含量急剧增大，在所有材料中，只有陶瓷层含有 Zr 元素，显然该层材料为热障涂层的再铸层。

　　因此，毫秒脉冲激光在表面制备热障涂层的高温合金材料上加工小孔，激光能量密度必须足够高；否则会导致严重的涂层掉块、开裂现象以及金属区域孔壁明显的热影响区。优化工艺后小孔质量明显改善，涂层不存在层间开裂、明显掉块现象，但孔壁存在一定厚度的陶瓷材料及金属材料熔化后重新凝固导致的再铸层。

4.2 纳秒脉冲激光加工小孔工艺

与自由振荡的毫秒脉冲激光不同，纳秒脉冲宽度激光通过激光调 Q 技术获得，脉冲宽度范围介于数纳秒至数百纳秒之间，脉冲工作频率可以达到数千赫以上，脉冲间隔最小在百微秒量级，但纳秒激光脉冲能量小，一般仅几个毫焦。与毫秒激光相比，其特点在于单脉冲作用时间大幅缩短，能够获得更高的功率密度，提高了约两个数量级；显著增加了材料气化比率而且纳秒激光主要采用小脉冲能量去除加工。对加工区域产生的热影响小得多，如图 4-28 所示。正是由于纳秒激光的上述特性，在材料加工的许多方面有着广泛的应用，如材料表面打标、刻蚀、精密切割、微孔加工等，又由于纳秒激光脉冲能量小。因此，采用纳秒脉冲激光加工 1mm 以上较大深度小孔的研究与应用并不多见。

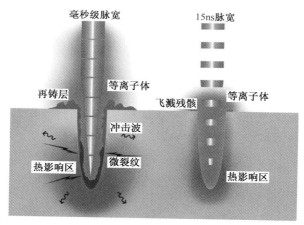

图 4-28　纳秒激光与毫秒激光加工小孔对孔壁热影响的区别

本节首先简述国外纳秒激光加工小孔技术研究现状，然后重点介绍纳秒激光加工 1mm 以上深孔技术研究，包括高频纳秒激光加工小孔、纳秒双脉冲激光加工小孔以及纳秒脉冲序列激光加工小孔研究成果[5-10]。

4.2.1 国外纳秒激光加工小孔技术简介

如前所述，由于纳秒激光脉冲能量仅毫焦耳级，因此，国外最初采用纳秒激光冲击加工小孔，试图利用其更高的功率密度、更小的热影响特点以获得更大深径比、更小孔径的微孔，但发现孔口仍存在明显的重凝物堆积，孔口质量并不理想，见图 4-78，为了进一步提高纳秒激光加工小孔质量，德国斯图加特大学 A. C. Forsman 等[11]

将纳秒单脉冲调制为双脉冲,在0.4mm和1.0mm厚的不锈钢材料上冲击加工小孔,达到无再铸层、无飞溅的效果。纳秒双脉冲是将单个纳秒宽度脉冲拆分为两个脉冲组成的脉冲对,脉冲对两个脉冲间隔一般小于150ns,脉冲波形如图4-29所示。

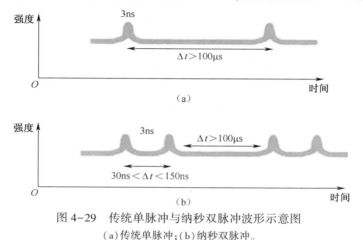

图4-29 传统单脉冲与纳秒双脉冲波形示意图
(a)传统单脉冲;(b)纳秒双脉冲。

纳秒双脉冲激光去除加工是利用间隔小于150ns的双脉冲实现材料快速熔化、气化,与通常纳秒脉冲激光相比,其作用原理如图4-30所示。

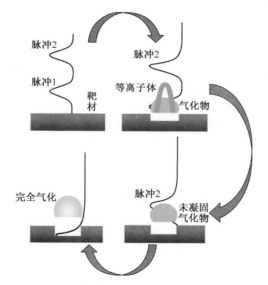

图4-30 纳秒双脉冲激光与材料作用过程原理示意图

双脉冲激光以脉冲对为最小单元与材料相互作用,由于纳秒双脉冲激光既发挥了纳秒单脉冲激光功率密度高($10^8 \sim 10^{10} \, \text{W/cm}^2$,比毫秒脉冲激光至少提高两个数量级)、材料气化率增加、热影响区小等优点,又避免了较高功率密度激光与材料作用过程中产生的等离子体对激光的屏蔽。因此,应用纳秒双脉冲激光加工小孔技术,其去除效率及质量均得到明显提高,去除效率如图4-31所示,加工质量如图4-32所示,达到了加工小孔孔壁再铸层极小且无微裂纹的效果。

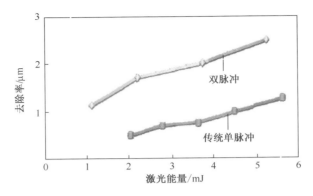

图4-31　纳秒双脉冲与传统单脉冲激光加工效率的比较

图4-32　纳秒双脉冲激光加工小孔质量

提高纳秒激光加工小孔质量的另一个途径是采用扫描填充式的加工方法。图4-33所示为德国斯图加特大学Weber等[12]的研究结果。

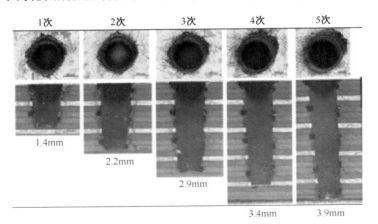

图4-33　采用不同次数填充扫描旋切钻孔及其所对应的深度

他们应用515nm波长的20ns脉冲宽度、350μJ脉冲能量、7W平均功率的纳秒激光,在碳纤维复合材料上采用由里及外的螺旋线扫描路径加工不同深度的盲孔,可见孔壁质量与孔的深度无关,孔壁几乎是平行的,孔的底部几乎是平面,但孔壁热烧蚀现象仍然非常明显。

美国通用电气(GE)公司研究采用更大功率纳秒激光加工叶片气膜孔,采用了声光调Q的纳秒本征激光器经过放大产生的50~150W平均功率的倍频YAG激光(倍频后波长为532nm)加工小孔。激光脉冲宽度为300ns时,获得了非常好的加工效果,加工小孔的孔壁再铸层平均厚度已小于10μm,可以忽略其对叶片疲劳性能的影响,而且该方法加工小孔质量的一致性、孔壁锥度状况、加工效率均得到较大的提高。另外,加工结果表明,纳秒等窄脉冲的激光更适合加工镍铝金属间化合物、金属基、陶瓷基复合材料等脆性材料[13]。

图4-34所示为通用电气公司采用通常的毫秒脉冲与倍频的纳秒脉冲YAG激光加工小孔孔壁形貌的对比,表4-4所列为纳秒激光两种加工小孔工艺在高温合金材料上加工小孔的再铸层厚度对比[14]。

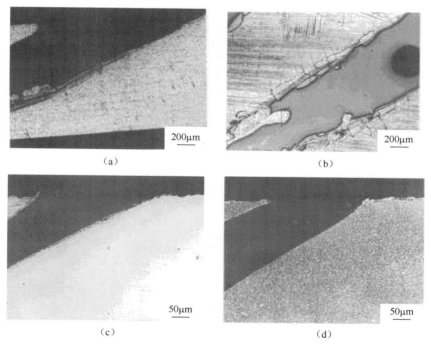

图4-34　纳秒激光与毫秒激光加工小孔纵截面孔壁形貌对比

(a)高温合金;(b)NiAl金属间化合物;(c)N5高温合金;(d)NiAl金属间化合物。

图4-34(a)和(b)所示小孔加工的激光参数:脉宽0.6ms,功率密度$8.5×10^6$W/cm²,波长1064nm;图4-34(c)和(d)所示小孔的激光参数,脉宽300ns,脉冲能量10mJ,功率密度$7×10^8$W/cm²,波长532nm。

124

表 4-4　300ns 脉冲激光加工小孔再铸层状况

高温合金	平均再铸层厚度/μm	最大再铸层厚度/μm
旋切加工小孔, 300ns,532nm,垂直加工	5	15
冲击加工小孔, 300ns,532nm,垂直加工	10	25

德国柏林的一家科研机构也曾研究应用更大平均功率(最大 400W)的声光调 Q 纳秒 YAG 激光器旋切加工航空发动机具有陶瓷热障涂层燃烧室部件上小孔,再铸层厚度小于 20μm,无微裂纹,无毛刺[3]。

因此可见,更高功率的纳秒激光加工小孔的质量总体要好于毫秒激光加工,采用纳秒双脉冲激光冲击加工小孔,孔壁质量接近飞秒激光加工的水平。

4.2.2　高频纳秒激光加工小孔

高频纳秒激光加工小孔通常采用两种加工方式。

方式一:振镜扫描填充法,该方法具体描述见 2.2.2 节。

方式二:旋切加工,包括无辅助吹气和同轴辅助吹气加工。

制孔应用的高频纳秒激光器为声光调 Q 纳秒 YAG 激光器,脉冲宽度一般为几十纳秒至数百纳秒,脉冲能量为数个毫焦,脉冲频率在几千赫至几十千赫范围内可调,平均功率范围为 10~50W。

1. 较低功率高频纳秒激光扫描填充加工小孔

应用的激光器参数范围:最大脉冲能量不到 3mJ,脉冲宽度为 60~300ns,频率为 1~50kHz,最大平均功率为 20W,最大激光脉冲峰值功率为 50kW,聚焦后激光功率密度为 $10^8 \sim 10^9 \mathrm{W/cm^2}$。

下面介绍不同工艺参数加工小孔的结果。材料为 DZ125 定向凝固高温合金,小孔深度为 2mm。试验参数的选择见表 4-5,脉冲宽度为 300ns。表 4-6 所列为加工小孔的结果。

表 4-5　声光调 Q 纳秒 YAG 激光扫描填充加工小孔的参数

参数组	频率/kHz	扫描速度/(mm/s)	同心圆数/个	加工时间/min
1	3	10	6	<0.5
2	3	20	10	4
3	4	30	10	8

表 4-6　不同工艺参数加工小孔的结果

试件号	参数组	加工小孔数/个	再铸层状况(厚度范围)/μm
试件 1	1	16	检测 3 个孔,再铸层厚度分别为 0~17、0~21、0~24
试件 2	2	10	基本不存在再铸层,个别仅局部存在小于 5μm 的再铸层
试件 3	3	6	未发现再铸层

以上数据均为在 200 倍放大条件下光学显微镜观察结果。

结果表明,参数 2 和参数 3 加工的小孔孔壁基本不存在再铸层,参数 3 的一致性更好,但加工时间长,是参数 2 的 1 倍;参数 1 加工小孔效率最高,但仍存在最大厚度小于 30μm 的再铸层。可见,充分的加工时间是保证加工小孔几乎无再铸层的关键。

经过大量试验优化的工艺参数范围如下。

脉冲宽度为 300ns,频率为 2~3kHz,脉冲能量约 2.5mJ,扫描速度为 10~50mm/s,填充同心圆数为 6~10 个(取决于扫描半径的确定),同心圆间距为 0.03mm。

图 4-35 所示为工艺参数优化后加工直孔的金相照片。可见在放大倍率仅100 倍的条件下,未发现小孔孔壁存在再铸层、微裂纹,但小孔锥度明显。

(a)   (b)

图 4-35　高频纳秒激光扫描填充加工直孔金相照片
(a)直孔入口横截面;(b)直孔纵截面。

图 4-36 所示为加工斜孔的金相照片,同样在低倍率放大情况下,未发现再铸层、微裂纹,而且一致性非常好。将小孔放大 1000 倍后发现,孔壁局部仍分布 2μm左右的再铸层,见图 4-36(c)。

图 4-37 所示为小孔深度与加工时间和小孔深度与出口孔径的关系曲线。可见,加工小孔深度较大时,加工效率非常低。例如,加工小孔深度为 1.2mm 时,所需时间为 1min 孔深为 2mm 时需要 4min,超过 4mm 时甚至需要 10min 以上,且孔径出口仅为 0.15mm。因此,采用较小功率高频纳秒激光加工 1mm 以上小孔在优化工艺参数条件下,平均功率不足 10W,可以实现加工几乎无再铸层小孔,但材料去除率极低,小孔深度较大时,出口孔径明显减小。

2. 较高功率高频纳秒激光扫描填充加工小孔

为了验证在较高功率条件下,高频纳秒激光加工小孔的效果,采用了半导体泵浦声光调 Q 的高频纳秒光纤激光器进行扫描填充加工小孔试验,采用两组工艺参数。材料为 IC10 定向凝固金属间化合物,厚度为 1mm。

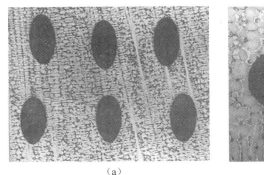
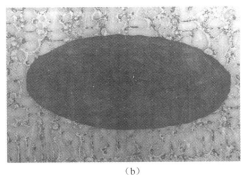

(a) (b)

(c)

图 4-36 加工斜孔的金相照片

(a)多个斜孔入口横截面金相照片;(b)单个斜孔入口横截面金相照片;

(c)斜孔孔壁放大 1000 倍金相照片。

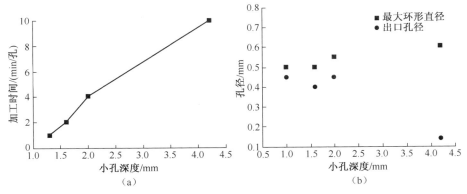

(a) (b)

图 4-37 小孔深度与加工时间和小孔深度与出口孔径的关系曲线

(a)小孔深度与加工时间的关系;(b)小孔深度与出口孔径的关系。

（1）激光平均功率 20W,频率 20kHz,脉宽 100ns,扫描速度 100mm/s。虽然激光功率增加了,但激光脉冲能量仅 1mJ,加工小孔分析结果见图 4-38。

（2）激光平均功率 50W,频率 50kHz,脉宽 120ns,扫描速度 500mm/s,脉冲能量 1mJ,加工小孔分析结果见图 4-39。

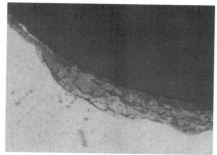

图 4-38 20W 纳秒脉冲激光扫描填充制孔小孔金相照片

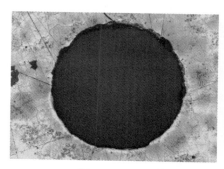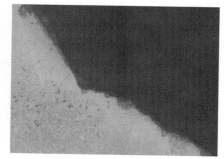

图 4-39 50W 纳秒脉冲激光圆环填充制孔小孔金相照片

增加平均功率,实质增加了脉冲频率,单位时间材料去除率得到明显提高,1mm 深小孔,加工小孔时间不超过 20s,但孔壁质量下降。从图 4-38 中可以明显看出,小孔孔壁附着大量熔融残渣(再铸层),但未出现微裂纹,而且再铸层与材料基体结合较松散。在提高平均功率至 50W 及扫描速度的条件下,孔壁质量得到提高,但小孔孔壁仍附着明显熔融残渣(再铸层),尤其在小孔的出口区域,见图 4-39。分析认为,脉冲能量偏低,仅 1mJ,能量密度不足,材料更多地熔化而非气化,是导致孔壁出现明显再铸层的主要原因。

为此,应用类似平均功率,脉冲能量高、脉冲频率相对较低的半导体泵浦声光调 Q 的高频纳秒 YAG 激光加工小孔。试验参数如表 4-7 所列。

表 4-7 高频纳秒激光扫描填充加工小孔参数

脉宽/ns	频率/kHz	平均功率/W	透镜焦距/mm	振镜扫描速度/(mm/s)
100±10	10	23	120	50

脉冲能量为 2.3mJ,扫描速度降低至 50mm/s。结果表明,加工 2mm 厚的试样,需要 40s 加工时间,孔壁质量得到显著提高。在较低放大倍率条件下,几乎未发现再铸层,见图 4-40(a),但增加放大倍率至 500 倍发现孔壁仍存在再铸层,尤其在孔入口附近,绝大部分再铸层仅 2μm 左右,无微裂纹,见图 4-40(b)。但不稳定,有的孔在孔入口处再铸层较厚(图 4-40(c)),小孔仍存在明显锥度。

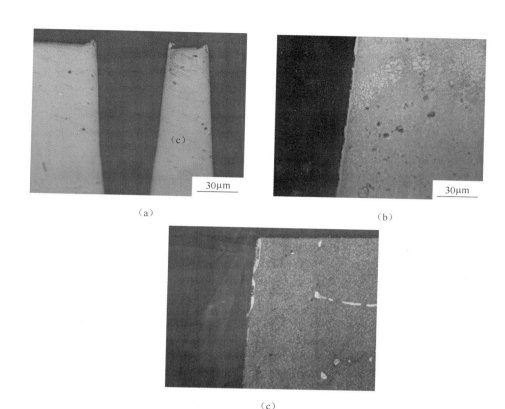

图 4-40　较高功率纳秒激光扫描填充加工小孔金相试样电镜照片
(a)孔纵截面照片;(b)孔纵截面局部放大照片;(c)部分小孔孔口残留的较厚再铸层。

由此可见,纳秒激光加工小孔提高平均功率及脉冲能量非常关键,加工效率显著提高,锥度减小,但孔壁质量不稳定,表现为孔入口仍会出现偏厚的再铸层。

3. 高频纳秒激光旋切加工小孔

主要采用了同轴辅助吹气旋切加工小孔的方式。

1)较低脉冲能量加工

工艺参数:脉宽 100ns,频率 12kHz,单脉冲能量 1.7mJ,平均功率 20W,同轴辅助吹压缩空气,压力 0.3MPa,旋切速度为 0.5mm/s。垂直加工 1mm 厚的 DD6 单晶高温合金及 IC10 金属间化合物,加工时间为 40s。2mm 厚试样,加工时间接近 3min。DD6 和 IC10 材料上小孔的金相照片分别如图 4-41 和图 4-42 所示。

结果表明,采用旋切方式加工小孔,在上述参数下,2mm 深小孔的再铸层比 1mm 深小孔要厚得多,后者最大厚度约 40μm,而前者最大厚度为 80μm,并且存在明显的再铸层。原因在于旋切加工方式下,在孔未穿透之前,由于深度较大,熔融物不易被从加工区域向孔口排出,大量熔融物易在孔壁冷凝再沉积,形成与基体结合较松散的再铸层。

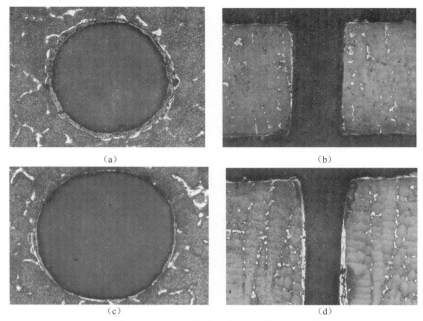

(a)　　　　　　　　　　　　　　(b)

图 4-41　DD6 单晶合金试件小孔金相照片

（a）1mm 深孔横截面,100 倍;（b）1mm 深孔纵截面,50 倍;
（c）2mm 深孔横截面,100 倍;（d）2mm 深孔纵截面,50 倍。

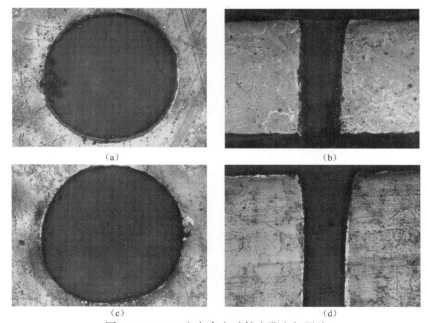

图 4-42　IC10 定向合金试件小孔金相照片

（a）1mm 深孔横截面,100 倍;（b）1mm 深孔纵截面,50 倍;
（c）2mm 深孔横截面,100 倍;（d）2mm 深孔纵截面,50 倍。

分析原因认为,由于纳秒激光单脉冲能量不到2mJ,在旋切加工较深孔时,材料无法获得足够的能量密度实现气化为主的去除机制,导致气体急剧膨胀形成的爆炸冲击力将熔融材料由孔口喷出的强度不足,尤其是旋切加工小孔过程中形成的狭小切缝也进一步加剧了能量密度不足导致的上述负面效应。因此,极易形成更厚的再铸层,而且材料去除率明显降低。

2)较大脉冲能量加工

为了解决上述问题,选用更高平均功率、更高脉冲能量的高频纳秒激光进行同轴辅助吹气旋切加工小孔。

采用表4-8所列参数加工小孔,脉冲频率变化会相应改变脉冲能量。旋转切割次数600次,加工过程同轴吹氧气或压缩空气,气压为0.5MPa。加工小孔孔径为0.4mm。

表4-8   同轴吹气旋切加工小孔参数

脉宽 /ns	频率 /kHz	平均功率/W			透镜焦距/mm	平台移动速度 /（mm/s）
		7kHz	10kHz	20kHz		
100±10	5~20	32	35	40	80	5

图4-43所示为加工小孔纵截面典型形貌。试验结果如下。

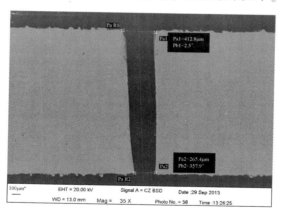

图4-43   较大脉冲能量纳秒激光同轴吹气旋切小孔纵截面典型形貌

图4-44反映了在相同加工时间条件下,激光频率与小孔的出、入口孔径的关系。由图可见随着频率的增加,出口孔径呈现逐步减小的趋势。频率的改变,其实反映了单脉冲能量的变化,频率增加,脉冲能量减小。图4-45所示为不同频率对应的单脉冲能量与孔的出、入口孔径变化趋势。可以看出,单脉冲能量增大,对应的平均输出功率变小,入口孔径在$400\pm30\mu m$范围内变动,而小孔出口孔径则由$200\mu m$增大到$260\mu m$。可见,虽然功率减小,但是由于单脉冲能量增大,有效地减小了小孔锥度。

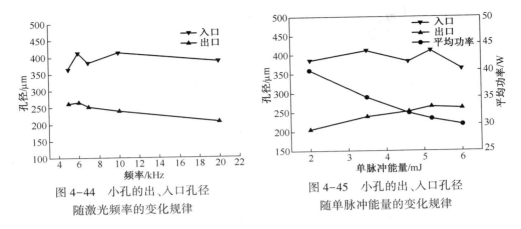

图 4-44 小孔的出、入口孔径
随激光频率的变化规律

图 4-45 小孔的出、入口孔径
随单脉冲能量的变化规律

图 4-46 所示为脉冲能量在 2~6mJ 范围内变化对再铸层的影响。随着频率的升高,单脉冲能量的减小,再铸层先减薄再增厚,再铸层厚度在 20~30μm 范围内。通过对比 6mJ(5kHz@30W)和 2mJ(20kHz@40W)的再铸层状态发现,单脉冲能量 6mJ 的纳秒激光加工小孔的孔口再铸层较厚,为松散的块状熔渣,而脉冲能量 2mJ 的激光加工小孔出现了致密的再铸层。

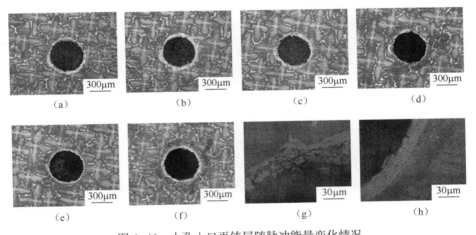

图 4-46 小孔入口再铸层随脉冲能量变化情况

(a)5kHz@30W;(b)6kHz@31W;(c)7kHz@32W;(d)10kHz@35W;(e)15kHz@38W;

(f)20kHz@40W;(g)图(a)孔边缘放大照片;(h)图(e)孔边缘放大照片。

通过观察孔截面的再铸层分布(图 4-47)可以发现,再铸层最厚区域为孔入口 500μm 深度以内范围。形成这一现象的主要原因是,孔未穿透之前,熔融的金属全部从入口排出,熔融金属中的一部分会堆积在入口部位形成再铸层或者在小孔周围堆成环状熔渣。通过比较发现,在平均功率等条件接近的情况下,单脉冲能量增大,有助于减薄除孔口以外的孔壁再铸层厚度,6mJ 单脉冲能量对应再铸层厚度约为几微米,而 2mJ 单脉冲能量对应十几微米的再铸层厚度,其中图 4-47(a)、(b)、 （c）的参数为 6mJ（5kHz@30W），图 4-47（d）、（e）、（f）的参数为 2mJ（20kHz@40W）。

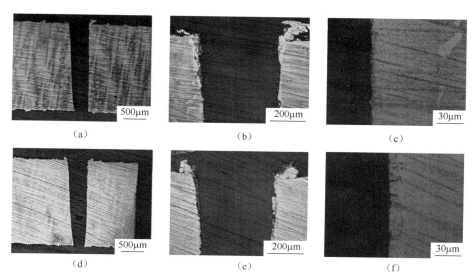

图 4-47　小孔纵截面再铸层分布情况

其他参数不变，改变加工时间对孔穿透状况及孔锥度影响规律如下。

加工时间对加工小孔的影响，包括穿透材料需要的时间，以及加工时间的延长对孔锥度的改善。采用表 4-8 所列参数加工 2mm 厚的 DD6 试样，图 4-48 和图 4-49 反映了增加加工时间对改善小孔锥度起到重要作用。比较图 4-48 和图 4-49 可知，当单脉冲能量较大，$E=4.6$mJ（7kHz）时，加工出通孔只需要 22s；当 $E=2.5$mJ（15kHz）时，加工通孔的时间则增大到 60s。在相同加工时间下，单脉冲能量大，对应小孔锥度小，加工效率高。

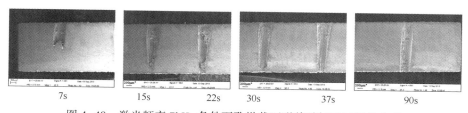

图 4-48　激光频率 7kHz 条件下孔纵截面形貌随加工时间的改变

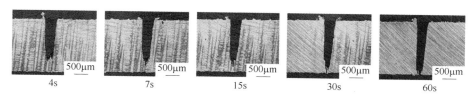

图 4-49　激光频率 15kHz 条件下孔纵截面形貌随加工时间的改变

辅助气体对孔形及再铸层的影响规律如下。

图 4-50 是用表 4-8 所示参数加工的小孔,分别采用了压缩空气和氧气,其他加工参数相同。与高压氧气相比,采用压缩空气加工的小孔,孔壁较光滑,孔口熔渣堆积少,孔口附近的孔壁没有出现较厚的再铸层,孔壁再铸层厚度与采用氧气加工大体相当,但小孔锥度相对较大。

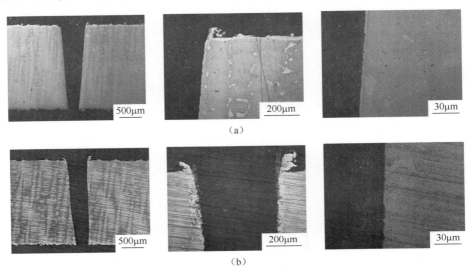

图 4-50 激光频率 8kHz 条件下激光加工小孔孔壁形貌及再铸层状况
(a)辅助气体为压缩空气;(b)辅助气体为 0.5MPa 氧气。

综合以上试验结果,得到较高脉冲能量纳秒激光同轴辅助吹气旋切加工小孔工艺优化的参数:脉宽 100ns,频率 8kHz,单脉冲能量接近 5mJ,平均功率 39W,与较低脉冲能量高频纳秒激光扫描填充加工相比,压缩空气的压力增加至 0.6MPa,旋切速度提高至 5mm/s。

上述参数加工 2mm 深孔仅需 40s,而且再铸层状况得到显著改善,见图 4-50(a),孔壁再铸层厚度很薄,不到 5μm,无微裂纹。小孔孔壁特征与扫描填充加工方式类似,存在明显锥度。同样的问题是孔入口存在明显毛刺,入口附近再铸层偏厚,比填充加工小孔严重。另外,比较扫描填充加工小孔的结果可以发现,高频纳秒同轴吹气旋切加工小孔若得到与扫描填充方式加工类似的小孔质量及加工效率,脉冲能量及聚焦后的能量密度需要提高 1 倍左右。

4. 高频纳秒激光扫描填充与扫描旋切组合加工

高频纳秒激光辅助吹气旋切加工小孔,在优化加工参数条件下,在孔壁大部分区域,再铸层可以控制得很薄,甚至不存在任何再铸层。但由于在加工初始阶段,熔融物只能从激光切出的凹槽中排除,导致靠近孔入口部位再铸层偏厚,甚至熔渣堆积在孔口的现象。用扫描填充法加工小孔由于入口的更敞开性,有效地减少了熔融物凝固在孔壁、孔口的概率。因此,可以实现加工基本无再铸层小孔,但在加工较大深度小孔时,由于需要更大的脉冲能量,热影响相应更大,热作用时间更长,在孔壁出现不同程度的再铸层的概率大大增加,尤其在孔入口附近。

为了解决纳秒激光加工小孔孔入口的熔渣堆积、再铸层偏厚的问题,有效的工艺措施是采用先扫描填充加工小孔再扫描旋切扩孔的方式,类似于第2章介绍的二次加工法加工小孔。

试验参数:脉宽100ns,脉冲频率5kHz,单脉冲能量7mJ,填充次数200次,旋转切割次数500次,扫描速度10mm/s。试验结果见图4-51和图4-52。

其中,图4-51(a)、(b)所示为填充半径与旋切半径相同二次法加工小孔的孔壁纵截面分别放大200倍与50倍的检测结果;图4-52(a)、(b)为旋切半径略大于填充半径二次法加工小孔的孔壁纵截面分别放大50倍与500倍的检测结果。

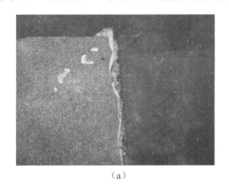 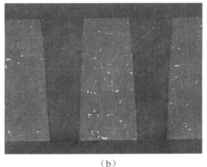

（a）　　　　　　　　　　　　　　　（b）

图4-51　未扩孔方式扫描填充+扫描旋切二次法加工小孔

（a）　　　　　　　　　　　　　　　（b）

图4-52　扩孔方式扫描填充+扫描旋切二次法加工小孔

由此可见,孔口的熔渣堆积明显减少,甚至基本消除。采用扫描填充半径和扫描旋切半径相同的加工方式,如图4-51(a)、(b)所示,仅小孔入口附近内壁观察到再铸层,这是由于经过扫描填充,孔入口内壁已经形成再铸层,之后的扫描旋切与填充的半径相同,旋切加工仅起到改善锥度的作用。当旋切半径略大于填充半径时,激光会将已经形成于孔壁的再铸层烧蚀掉。同时,后续的旋切加工烧蚀掉的材料较少,熔化物、气化物在敞开的通道更易被排除,从而基本避免了熔渣的产生。

采用该加工方式,小孔孔壁已基本观察不到再铸层,如图 4-52（a）、（b）所示。但该方式加工效率相对较低,如加工 2mm 深小孔的时间约 2min。

但不同倾角、深度更大的小孔加工试验及分析发现,加工质量稳定性、一致性稍差,有的孔,尤其是较大深度小孔,局部仍存在断续再铸层,厚度一般在 2μm 左右,无微裂纹。

5. 小结

综合研究成果,高频纳秒激光加工小孔主要有以下特点。

（1）激光能量密度不足,会导致明显的再铸层。实现加工几乎无再铸层的小孔,需要足够高的激光能量密度。与扫描填充加工相比,旋切加工高质量小孔相应需要更高的脉冲能量密度。增加平均功率及脉冲能量可以显著提高材料去除效率,脉冲能量的增加更有利于提高加工深度、减小小孔锥度。

（2）采用较小外径扫描填充加工通孔,再采用稍大外径扫描旋切加工扩孔,对孔口及孔壁进行修饰。在优化工艺参数条件下,可以实现加工基本无再铸层的小孔。但效率下降,稳定性、一致性仍有待提高,有的孔发现 2μm 左右再铸层仍局部断续存在。

4.2.3 纳秒双脉冲激光加工小孔

本小节主要介绍纳秒双脉冲激光加工小孔技术研究的实施结果。

具体实施选用了两台纳秒激光器:一台为脉冲宽度 10~50ns、输出功率 5~20W、波长 530nm 的 Nd:YLF 激光器（型号 Spectra-Physics Empower30）;另一台为波长 530nm、脉冲宽度 20ns、输出功率 3.5W 的 Nd:YLF 激光器（型号 Spectra-Physics Evolution）,重复频率均为 1kHz。加工小孔试验中聚焦透镜焦距为 150mm,焦点光斑直径为 75μm。

实现纳秒双脉冲激光输出采用了两种技术途径。

1. 实施途径一

如图 4-53 所示,采用两台纳秒激光器,输出偏振方向相互垂直的双束激光束,两束光束脉冲间隔通过光电延迟同步器（Pockels Cell Timer）调节,并通过偏振分光棱镜合束,实现纳秒双脉冲激光输出。

2. 实施途径二

采用单台激光器分束,其中一束采用光程延时后再与另一束合并。例如,一束激光延长光程 16m,两束激光合束后脉冲间距为 53ns,纳秒脉冲间隔可以通过调节光程差改变,该实施方案的原理如图 4-54 所示。

与实施技术途径一相比,该技术途径二采用光程延长方式,两束光精确同轴对准合束非常困难,调节难度非常大。

图 4-55~图 4-57 所示为不同延迟时间纳秒双脉冲激光旋切加工单晶高温合金试样上小孔的入口和出口形貌,双脉冲的脉冲能量分别为 $E_1 = 3.5$mJ 和 $E_2 = 5.4$mJ,图中 T 为延迟时间。

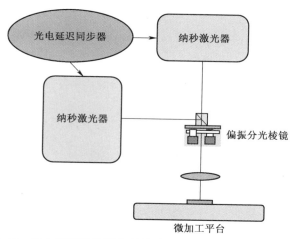

图 4-53　光电延迟同步器实现纳秒双脉冲激光输出原理示意图

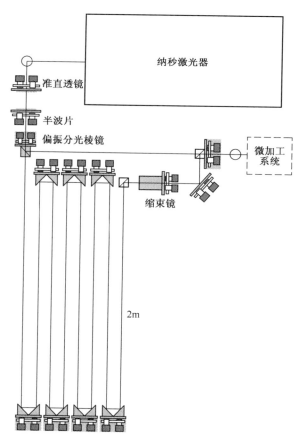

图 4-54　分束固定延迟线纳秒双脉冲激光加工系统

（a）   （b）

图 4-55　纳秒双脉冲激光($T=0$ns)加工小孔的入口和出口形貌

（a）入口；（b）出口。

（a）   （b）

图 4-56　纳秒双脉冲激光($T=200$ns)加工小孔的入口和出口形貌

（a）入口；（b）出口。

（a）   （b）

图 4-57　纳秒双脉冲激光($T=400$ns)加工小孔的入口和出口形貌

（a）入口；（b）出口。

由图可见,入口和出口附近均没有明显的表面溅落物出现,入口和出口孔径相差较大,3 种延迟时间入口圆整度均较好。

其中延迟时间为 0 时，入口孔径为 0.58mm，出口孔径为 0.28mm，相差 0.3mm，锥度较大，但出口圆整度较差，随着延迟时间的增加，出口孔径变大，锥度变小，圆整度得到改善，见表 4-9。

表 4-9   不同延迟时间纳秒双脉冲激光旋切加工小孔的入口和出口形貌

双脉冲间距 T/ns	0	200	400
入口孔径/mm	0.58	0.57	0.56
入口圆整度	较好	较好	较好
出口孔径/mm	0.28	0.33	0.37
出口圆整度	较差	中	较好

纳秒单、双脉冲激光旋切加工小孔金相试样纵截面光学显微形貌见图 4-58 和图 4-59。

（a）   （b）

图 4-58   纳秒单脉冲激光加工小孔纵截面形貌

（a）金相照片；（b）局部放大图。

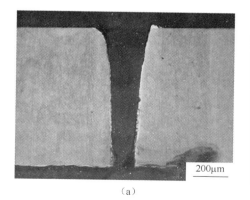
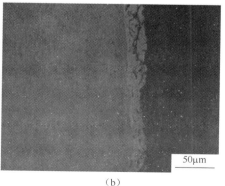

（a）   （b）

图 4-59   纳秒双脉冲激光加工小孔纵截面形貌

（a）金相照片；（b）局部放大图。

图 4-58 中纳秒单脉冲能量为 7mJ,旋切加工小孔侧壁最大再铸层厚度超过 50μm,图 4-59 所示的双脉冲时间间隔为 50ns,单脉冲能量均为 3.5mJ,即总能量为 7mJ 时侧壁仍存在再铸层,再铸层最大厚度约为 33μm。

双脉冲的脉冲能量分别为 $E_1 = 3.5mJ$、$E_2 = 5.4mJ$,延迟时间为 200ns 时,加工小孔孔壁最大再铸层厚度为 37μm,见图 4-60。延迟时间为 400ns 时,最大再铸层厚度为 30μm,再铸层仅分布在孔入口和孔出口附近的局部区域,见图 4-61。由图可见,再铸层厚度和分布范围随着纳秒双脉冲间距的增大而减小。

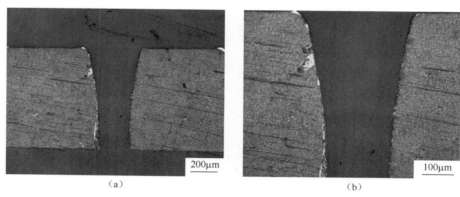

(a)   (b)

图 4-60　纳秒双脉冲激光($T=200ns$)加工小孔纵截面形貌
(a)金相照片;(b)图(a)中孔的局部放大照片。

(a)   (b)

图 4-61　纳秒双脉冲激光($T=400ns$)加工小孔纵截面形貌
(a)金相照片;(b)图(a)中孔的局部放大照片。

图 4-62 所示为纳秒激光单脉冲和双脉冲冲击加工小孔穿透时间与脉冲间隔关系。材料为厚度 1mm 的 DD6 单晶高温合金。单脉冲能量为 4mJ,双脉冲中两个脉冲能量均为 2mJ,总能量与单脉冲能量相同。

统计表明,纳秒单脉冲冲击加工小孔,单个孔穿透平均时间为 59s。纳秒双脉冲冲击加工小孔,脉冲时间间隔分别为 30ns、50ns、75ns、100ns、150ns、200ns、350ns、1000ns 和 1275ns,穿透时间分别为 43s、44s、32s、39s、36s、28.5s、29s、28s 和

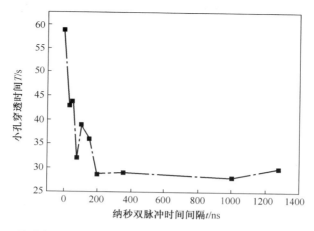

图 4-62 纳秒激光单脉冲和双脉冲冲击加工小孔穿透时间与脉冲间隔关系

30s。与纳秒单脉冲冲击加工小孔穿透时间相比,缩短了 1/2.1 ~1/1.4,即纳秒双脉冲冲击加工小孔效率提高了 1.4~2.1 倍。双脉冲时间间隔在 0~200ns 之间时,穿透时间略有波动,与纳秒单脉冲冲击加工小孔相比,效率提高 1.4~1.6 倍;双脉冲时间间隔大于 200ns 时,穿透时间波动不大,效率提高约 2.1 倍。

与单脉冲相比,采用纳秒双脉冲激光加工小孔方式的确在提高加工质量(如减薄再铸层厚度)、减小小孔锥度以及提高效率方面有明显作用,而且脉冲间隔越长,效果越好。以上结论为脉冲间隔在 1400ns 范围内验证结果。

4.2.4 纳秒脉冲序列激光加工小孔技术

纳秒脉冲序列激光是指由几个或几十个脉冲宽度为纳秒、脉冲间隔固定的脉冲组成的脉冲包络,脉冲序列或脉冲包络宽度为毫秒量级。

图 4-63 所示为单脉冲宽度在数百纳秒范围内可调的纳秒脉冲序列工作模式声光调 Q 纳秒 YAG 激光器及其加工小孔试验装置的原理框图。

图 4-63 中 1~6 组成了低功率纳秒脉冲激光输出的本证激光源,采用声光调 Q,通过选模,输出为高频准连续 TEM00 模激光。本征级激光的脉冲宽度可调,为 100~700ns,脉冲频率可调范围为 10~50kHz。通过在光路中增加一个反射镜(图 4-63 中虚线所示的全反射镜),8、9 可以测量并显示本征级激光脉冲波形。法拉第旋转起偏器 11 使本征级激光改变为 45°线偏振光。14、16 分别为本征级激光的 1 级和 2 级放大,增大脉冲能量及激光平均功率,放大级灯泵浦电源使本征级激光以脉冲序列工作方式工作,最大脉冲序列频率为 10Hz,脉冲序列周期可调范围为 0.5~6ms,因而脉冲序列能量也可调,最大接近 3J(6ms 脉冲序列宽度条件下)。非线性晶体 25 主要用于吸收未被放大的低功率本征级激光,使放大后的激光完全为脉冲序列工作模式。放大后的激光经过放大级全反射镜 17 反射后,偏振方向旋转了 90°。偏振镜 13 的作用是使偏振的本征级激光反射至 2 级放大光路,放大后

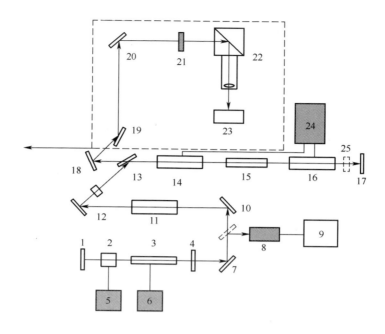

图 4-63　制孔试验用激光器及其制孔试验装置配置示意图

1—本征激光器全反射镜;2—声光调 Q 开关;3—YAG 晶体棒及泵浦灯;4—本征激光器输出镜;

5—声光调 Q 开关驱动源;6—灯泵浦电源;7—全反射镜;8—脉冲激光波形探头;9—示波器;

10,12,18~20—全反射镜;11—法拉第旋转起偏器;13—偏振镜;14—1 级激光放大;

15—望远镜选模系统;16—2 级激光放大;17—放大级全反射镜;21—激光脉冲能量探头;

22—具有辅助吹气功能的激光加工头;23—试验件可调安装架;24—放大级灯泵浦电源;25—非线性晶体。

返回的脉冲序列激光。由于偏振方向改变了 90°,则可以经偏振镜 13 全部透射,并经过全反射镜 18~20 反射,最终经激光加工头 22 聚焦至试验件上。21 为测量放大后脉冲序列能量的探头。

图 4-63 所示激光器的主要参数范围如下。

(1)激光器的脉冲工作模式:脉冲序列。

(2)波长:1.064μm;频率:不大于 10Hz;脉冲序列宽度:不大于 6ms;单脉冲宽度:100~700ns;脉冲序列总能量:0.2~6J(1ms 脉冲序列宽度时,为 2.5J 左右);单脉冲能量:最大 20mJ;激光发散角:小于 1mrad。

该激光器放大级可以作为自由振荡的毫秒脉冲 YAG 激光器独立工作,可调节范围为 0.1~6ms,可直接应用于与纳秒脉冲序列激光器加工小孔效果的对比。

图 4-64~图 4-67 所示为示波器实测的纳秒脉冲序列波形及单脉冲波形。

1. 100~700ns 脉冲序列 YAG 激光加工小孔性能

这里主要介绍不同脉冲宽度和脉冲序列宽度的纳秒脉冲序列激光在碳钢、铝合金、不锈钢、紫铜等材料上加工小孔的特性。

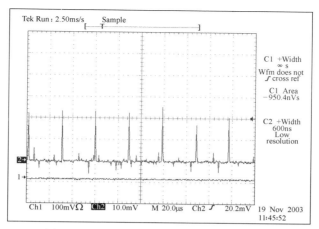

图 4-64 600ns 单脉冲宽度的激光脉冲波形

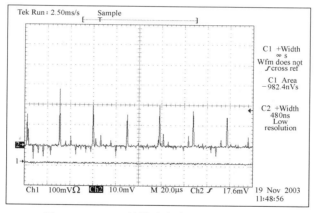

图 4-65 480ns 单脉冲宽度的激光脉冲波形

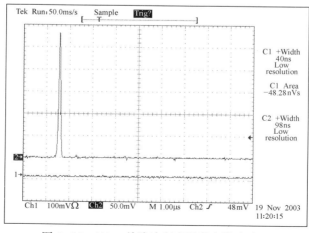

图 4-66 100ns 单脉冲宽度的激光脉冲波形

143

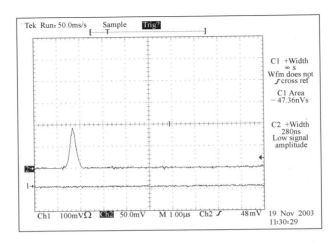

図 4-67　280ns 单脉冲宽度的激光脉冲波形

表 4-10～表 4-12 所列为几组典型的小孔加工结果,加工采用定点冲击方式,无同轴辅助吹气。

表 4-10 所列为纳秒脉冲宽度为 100ns、250ns 的加工结果。孔径入口和出口为同样参数加工相同材料多个孔所测数值的范围(下同)。

表 4-10　不同脉冲宽度激光加工结果

材料	厚度/mm	脉冲宽度/ns	孔径/μm		穿孔脉冲序列数	实际脉冲序列数
			入口	出口		
不锈钢	2.8	100	200~220	30~40	150	152
		250	140~160	120	21	23
工具钢	4	100	240~280	10	251	253
		250	140~160	60	50	51
低碳钢	2	250	140	70~80	7	9
紫铜	1.5	100	150~200	40~60	30	32
铝合金	3.0	100	180~220	60~80	9	10-11
		250	160~180	130~140	11	12

其他激光参数:脉冲序列宽度为 900 μs,脉冲序列脉冲个数为 30 个,整个脉冲序列脉冲能量为 0.5J。

由此可见,对于不锈钢、工具钢,100ns 脉冲序列激光的穿透能力明显下降,孔入口增大,孔出口更小,紫铜及铝合金的效果稍好。

表 4-11 所列为激光单脉冲宽度设定在 350ns 的情况下,不同脉冲序列宽度及相应变化的脉冲序列能量对加工小孔的结果。材料为不锈钢,厚度为 2.8mm。

表 4-11　　不同脉冲序列宽度及脉冲序列能量加工小孔结果

脉冲序列 宽度/ms	脉冲序列 能量/J	孔径/μm		穿孔 脉冲序列数	实际 脉冲序列数
		入口	出口		
0.9	0.5	140~180	100	16	17
3	1.5	130	60~80	7	8
6	2.5	180	40	5	6

　　由此可见,脉冲序列宽度的增加并没有达到原想象的增加激光脉冲序列的加工穿透能力并增大孔出口的目的,实际穿透 2.8mm 不锈钢的激光能量总和反而增加了,而且脉冲序列宽度越长,所需能量越大,而通孔后的出口反而更小。

　　表 4-12 所列为自由振荡毫秒脉冲 YAG 激光加工结果及参数。

表 4-12　　自由振荡脉冲 YAG 激光加工小孔结果及参数

脉冲序列 宽度/ms	脉冲序列 能量/J	孔径/μm		穿孔 脉冲序列数	实际 脉冲序列数
		入口	出口		
0.9	0.5	140~180	100	16	17
3	1.5	130	60~80	7	8
6	2.5	180	40	5	6

　　其他参数:频率为 30~40Hz,吹气压力为 0.2~0.3MPa,辅助气体为氧气,聚焦镜焦距为 150mm。

　　表 4-12 结果与表 4-10、表 4-11 的结果对比可清晰地表明,两种不同脉冲宽度激光的加工穿透能力及加工效率明显不同,纳秒窄脉冲 YAG 激光在参数选择合适条件下,同样或相近的能量,单位脉冲序列的去除材料效率要远高于毫秒级自由振荡 YAG 激光的单位脉冲去除材料效率。

　　纳秒脉冲序列激光加工小孔与自由振荡毫秒脉冲激光加工结果的分析如下。

　　脉冲序列中单脉冲能量约为 17mJ,单脉冲功率最高约为 65kW,功率密度约为 $3 \times 10^8 W/cm^2$,在脉冲序列宽度为 900 μs,脉冲序列脉冲个数为 30 个,整个脉冲序列脉冲能量为 0.5J 的条件下,穿透 1.5~4mm 的金属试件仅需最多 15 个脉冲序列,加工小孔的最大激光输入能量接近 8J。

　　而自由振荡毫秒脉冲 YAG 激光器选取的最大单脉冲能量为 1J,脉冲功率为 5kW,功率密度约为 $5 \times 10^6 W/cm^2$,穿透 1.5~4mm 的金属试件所需要的脉冲数是脉冲序列数的 5 倍以上,加工小孔的最大激光输入能量为 100J。

　　由此可见,毫秒脉冲 YAG 激光功率密度要低得多,加工通孔需要更大激光输入能量,激光能量利用率低。因此,小孔周边的热影响区也明显大于更短脉宽、具有更高功率密度的纳秒脉冲序列激光加工。

　　加工结果发现另一个现象,纳秒激光单脉冲宽度不同,纳秒脉冲序列激光加工效果也明显不同,100ns 激光加工性能显著降低,更长脉冲序列宽度的纳秒激光加工效果也不理想。

分析原因在于，纳秒脉冲激光聚焦后功率密度一般在 $10^8\,\mathrm{W/cm^2}$ 以上，加工小孔过程中，孔内和孔入口上方将产生较剧烈的等离子体，等离子体会遮挡激光入射到待加工材料表面，影响去除效果。激光功率密度越高，等离子体遮蔽激光越明显，更高的功率密度甚至可以将空气击穿。100ns 时由于激光功率密度更高，将产生更多的等离子体；而更长的脉冲序列宽度，激光持续作用时间增加，更长时间的连续加热导致等离子体更多地堆积在材料表面，不易散去。

纳秒脉冲序列激光尤其适合加工大深径比的小孔，图 4-68 所示为纳秒脉冲序列激光加工 5mm 深小孔的纵截面照片，激光脉冲宽度为 350ns，频率为 30kHz，脉冲序列宽度为 900 μs，小孔孔径为 0.1mm，深径比达到 50∶1，但孔形形貌及其一致性不理想。

图 4-68　不锈钢上加工 5mm 深小孔纵截面照片

图 4-69 所示为单脉冲能量、小孔深度与去除率的关系，显然单脉冲能量越大，材料厚度越薄，单位脉冲去除材料的效率越高。

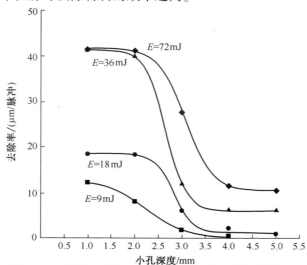

图 4-69　单脉冲能量、小孔深度与不锈钢去除率的关系

图 4-70 所示为不同脉冲能量对不锈钢去除率的影响。

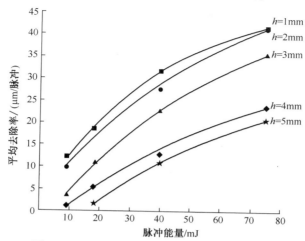

图 4-70　不同脉冲能量对不锈钢去除率的影响

2. 100~700ns 脉冲序列 YAG 激光加工高温合金小孔质量

这里主要介绍不同脉冲宽度、脉冲频率、脉冲序列宽度和相应变化的脉冲序列能量，以及不同辅助吹气方式、种类、压力等对不同厚度的高温合金冲击加工小孔的影响，重点分析对减薄小孔再铸层厚度的作用。

加工工艺参数范围如下：激光参数，脉冲宽度为 170~350ns，脉冲频率为 10~50kHz，脉冲序列能量为 160~3000mJ。

图 4-71 所示为 350ns 脉冲宽度时，加工 1.5mm 深小孔的横截面、纵截面典型形貌，图 4-71(a)所示为孔出口区域横截面。

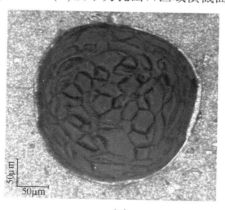
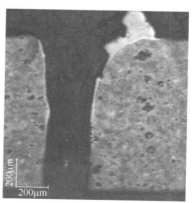

(a)　　　　　　　　　　　　　　　(b)

图 4-71　1.5mm 深小孔典型形貌金相照片

可见孔出口附近再铸层较薄，小于 10μm，而孔入口熔化飞溅物易堆积在出口，孔壁局部几乎无再铸层，孔壁再铸层最大厚度为 25~30μm，未发现裂纹。表 4-13 所列为加工 1.5mm 深小孔的统计结果。

表 4-13 加工 1.5mm 深小孔的统计结果

孔号	孔穿透脉冲序列数/个	脉冲序列总数/个	再铸层最大厚度/μm	出口孔径/mm	辅助吹氧/无辅气	脉冲序列能量/J
1	2	4	≤12	0.08	无	
2	2	4	≤18	0.08	无	
3	2	4	<7	0.13	无	1.57
4	3	3	<7	0.12	无	
5	2	3	≤10	0.12	无	

表 4-14 所列为 2mm 试样的加工参数、孔径、孔出口附近再铸层状况。其他参数:焦距为 170mm,激光参数,调 Q 频率为 30kHz,单脉冲宽度为 350ns,脉冲序列中脉冲数为 24,脉冲序列宽度为 0.8ms。

表 4-14 加工 2mm 深小孔的统计结果

孔号	孔穿透脉冲序列数/个	脉冲序列总数/个	再铸层最大厚度/μm	出口孔径/mm	辅助吹氧/无辅气	脉冲序列能量/J
1	3	3	<7	0.06	无	
2	3	3	<10	0.1	无	1.57
3	3	3	<10	0.05	无	
4	3	3	<10	0.12	无	2.45
5	2	3	<10	0.15	无	
6	6	10	<7	0.1	无	
7	7	10	≤10	0.08	无	0.43
8	6	10	<7	0.04	无	

图 4-72 所示为 2mm 深小孔的纵截面和孔出口区域横截面形貌金相照片。同样,孔出口附近的再铸层均较薄,小于 10μm,孔壁部分区域几乎无再铸层。

以上结果有一个共同现象,即孔入口周围重铸物堆积严重,表现在宏观上孔口毛刺较多,但孔壁局部甚至无再铸层,孔出口附近再铸层相对更薄,厚度为 10μm 左右。

在不同单脉冲宽度条件下,加工通孔的脉冲序列次数随脉冲宽度的减小而增加,随脉冲序列能量的增加(相同脉冲序列宽度条件下)而减少。脉冲序列能量较小时,更窄脉宽,如 170ns 脉冲宽度,激光加工穿透能力要小得多。通孔后,适当增加脉冲序列次数有助于增大出口孔径,孔径可以达到 0.2~0.25mm(厚度 2mm,脉冲序列能量 2.45J 条件下)。

同轴辅助吹氧气,在孔未穿透时,会导致加工产生的熔融飞溅物及等离子体更

148

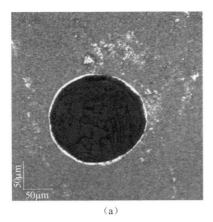
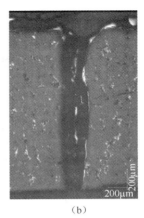

| (a) | (b) |

图 4-72　2mm 厚试件小孔典型形貌金相照片

不易从孔内逸出,因此,在加工孔深度较大时,如果吹气压力选择不当,反而会降低加工效率,不但使孔径更小,而且导致熔化物易在孔出口附近堆积,再铸层变厚,如图 4-73 所示。

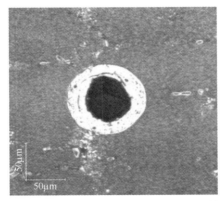

图 4-73　辅助吹气加工 1.5mm 深小孔出口再铸层状况

上述试验激光参数进一步计算分析如下。

激光在 350ns 单脉冲宽度条件下,单脉冲能量分别为 65mJ 或 102mJ,相应的激光功率为 185kW 或 290kW,聚焦后的光斑大小约为 0.15mm,因此功率密度范围为 $(4\sim8)\times10^8 \mathrm{W/cm^2}$。当单脉冲宽度为 170ns 时,则激光峰值功率最高可以增加至 600kW,因此功率密度相应也提高至约 $1.5\times10^9 \mathrm{W/cm^2}$。而激光功率密度达到 10^9 $\mathrm{W/cm^2}$ 时会产生更严重的等离子体屏蔽效应。上述数据可以清楚地解释为什么 170ns 脉冲宽度激光加工的效率反而较 350ns 明显下降。

而自由振荡的脉冲 YAG 激光的脉冲宽度为毫秒或亚毫秒,以脉冲能量 1.5J、脉冲宽度 0.5ms 为例,假设聚焦后光斑大小为 0.2mm,那么激光功率密度为 $(2\sim3)\times 10^6 \mathrm{W/cm^2}$,显然要小于上述 350ns 单脉冲宽度激光脉冲序列两个数量级。

表4-15所列为几乎同样能量的脉冲序列YAG激光与通常毫秒脉冲YAG激光加工小孔效率的比较,图4-74所示为毫秒脉冲YAG无辅助吹气冲击加工小孔的金相分析照片。

表4-15　不同脉冲模式激光加工通孔所需脉冲序列数或脉冲数

试件厚度/mm	纳秒脉冲激光(脉冲序列宽度为800μs)				毫秒脉冲激光		
	脉冲序列能量/J	单脉冲宽度			脉冲能量/J	脉冲宽度	
		170ns	350ns	550ns		800μs	350μs
2	1.57	5~8	3~4	2~4	1.75	未通	15
	2.45	4~6	2~3	2~3	2.5	25~30	10
1.5	1.57	4~6	3~4	1~2	1.75	未通	15
	2.45	3~5	2~3	1~2	2.45	10~20	10

很明显,纳秒脉冲序列激光的加工能力及效率比自由振荡的脉冲YAG激光要高得多,至少在3倍以上。而且自由振荡毫秒脉冲激光加工小孔的再铸层非常厚,甚至超过100μm,再铸层内微裂纹明显。

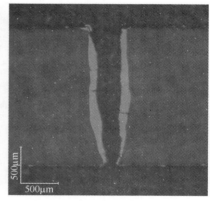

图4-74　毫秒脉冲YAG冲击加工小孔的金相分析照片

3. 组合楔形镜旋切加工小孔

组合能量达到焦耳量级的脉冲序列纳秒激光在冲击加工大深径比小孔方面具有明显优势,加工孔径较小,通常为0.1mm左右。为了实现脉冲序列纳秒激光加工较大孔径小孔,可以采用组合楔形镜旋转装置加工。组合楔形镜旋转装置加工孔原理图见2.2.1节,以下为实施结果。

加工参数:脉冲序列频率为5~10Hz,旋切速度为3圈/s,未吹同轴辅助气体。

其他参数:声光调Q频率为30kHz,单脉冲宽度为350ns,脉冲序列中脉冲数为27个,脉冲序列宽度为1ms,单脉冲能量为18.5mJ,脉冲序列能量为500mJ。加工小孔深度为1mm。图4-75所示为该方法加工小孔的横截面金相分析照片,孔径为0.7mm左右。

150

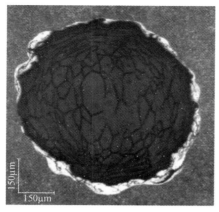

图 4-75　组合楔形镜旋转法加工小孔横截面金相照片

由此可见,该方法可以实现纳秒脉冲序列激光加工较大孔径小孔,但由于脉冲序列频率低,而且选用的组合楔形镜的旋转速度较高,作用过程中激光光斑重叠率明显不够,加工小孔的圆度较差,再铸层分布也明显不均匀,局部较厚,最厚约50μm,但再铸层结合松散,多分层。因此,实现该方法实际应用需要配置的楔形镜旋转速度可调,为了加工不同孔径的孔,旋切半径也需要通过双楔形镜间距的自动调整实现可调节。另外,增加该类激光器脉冲序列频率也是有效的技术途径。

4. 小结

(1) 纳秒脉冲序列激光加工小孔的再铸层状况与毫秒级的自由振荡 YAG 激光加工结果相比,得到了明显改善。在参数选择合适的情况下,孔壁大部分区域,尤其是孔出口附近,再铸层较薄。在 10μm 左右,局部甚至不存在再铸层。

(2) 与自由振荡的脉冲 YAG 激光相比,加工小孔的效率得到大幅度提高,至少在 3 倍以上。

(3) 由于激光功率密度提高到 $10^8 W/cm^2$ 以上,甚至达到 $10^9 W/cm^2$ 上。因此,在加工过程中产生的等离子体对加工结果的影响较明显,体现在单脉冲宽度较窄时,或者同轴辅助吹气参数选择不当时,反而降低去除率,等离子体的存在也是造成小孔再铸层状况不稳定、孔口再铸层堆积的主要影响因素之一。

4.2.5　表面制备热障涂层高温合金纳秒激光加工小孔

应用高频纳秒脉冲激光以扫描环切法和多个同心圆扫描填充法在等离子喷涂制备热障涂层的单晶高温合金上开展了加工小孔试验,加工时间均为 1min。

图 4-76 所示为加工小孔的截面形貌。纳秒激光在试样上加工出小孔的能量密度约为 $150J/cm^2$,纳秒激光与毫秒激光相比,能量密度低一个数量级,可见激光脉宽直接影响到激光去除材料的阈值。

图 4-76(a) 所示为扫描环切法加工的孔,孔口的陶瓷层发生了熔化,并且陶瓷熔渣堆积在孔口,金属孔壁再铸层最厚处达到 20μm。图 4-76(b) 所示为扫描填充

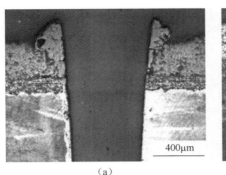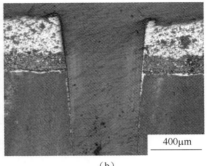

（a） （b）

图 4-76　纳秒激光在等离子喷涂制备热障涂层单晶合金加工小孔形貌
(a)扫描环切法;(b)扫描填充法。

法加工的孔,孔口熔化物明显减少,再铸层厚度减小到 10μm 以下。这说明通过扫描填充加工方式可以有效避免纳秒激光加工对孔壁及涂层产生的热影响。

图 4-77 所示为采用相同纳秒激光加工小孔工艺参数以扫描环切法和扫描填充法在电子束物理气相沉积(EB-PVD)制备热障涂层的单晶合金上加工小孔的孔壁形貌。

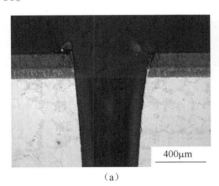

（a） （b）

图 4-77　纳秒激光在 EB-PVD 制备热障涂层单晶合金上加工小孔形貌
(a)扫描环切法;(b)扫描填充法。

图 4-77(a)所示为纳秒激光以扫描环切法加工的带涂层合金小孔截面形貌,图 4-77(b)所示为纳秒激光以扫描填充法加工小孔的形貌。采用两种方式加工的小孔孔口全部存在较多熔渣,陶瓷层出现熔化和崩块,范围在 20μm 以内,黏结层存在金属材料再铸层,明显为熔化物经由孔入口排出时,部分熔化物黏附在小孔孔壁上造成。

由此可见,纳秒激光采用扫描环切法加工小孔的质量总体上差于扫描填充法,再铸层厚度为 10~20μm,质量稍好于毫秒激光加工小孔,但加工孔的效率远低于毫秒激光。

4.3　超短脉冲激光加工小孔工艺

4.3.1　国外技术现状简介

随着更窄脉冲宽度、更高峰值功率的超短脉冲激光器的功率及脉冲能量的进一步提高,国外早在20世纪90年代末就开展了超短脉冲激光加工小孔的基础研究。例如,美国通用电气公司的研究开发中心,对毫秒级的自由振荡脉冲YAG激光器、100ns级的声光调Q YAG激光器、100ps级的锁模YAG激光器、甚至100fs级的钛:蓝宝石激光器加工小孔的机制及其质量进行了对比研究,结果表明激光脉冲宽度越短,小孔质量越高[15]。

德国汉诺威激光中心应用纳秒、皮秒和飞秒激光在金属材料上采用冲击方式加工小孔。结果表明3种脉宽激光以10000个脉冲在不锈钢上加工效果完全不同。如图4-78所示,采用脉宽3.3ns、脉冲能量1mJ的激光在100μm厚不锈钢薄片上加工的小孔存在"冠状"重铸层,其形成过程是在纳秒量级时间内,金属蒸发压力产生反推力,推动液相金属排出孔内形成;脉宽80ps、脉冲能量不足1mJ的激光加工小孔主要以气化为主,存在的少量液相金属导致非稳态的制孔过程;而脉宽200fs、脉冲能量仅120μJ的激光加工小孔完全观察不到再凝固材料,孔口清洁、孔壁光滑[16]。

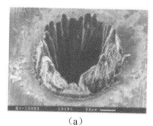  

(a)　　　　　　　　　(b)　　　　　　　　　(c)

图4-78　不同脉宽激光在100μm厚不锈钢薄片上加工小孔

(a)3.3ns、1mJ;(b)80ps、900μJ;(c)200fs、120μJ。

进一步研究表明,超快激光冲击加工小孔获得孔壁无再铸层小孔需要激光能量密度稍稍高于材料的去除阈值,但加工效率太低,尤其是更大深径比小孔。图4-79(a)所示为采用500fs脉冲、脉冲能量密度390J/cm^2(远高于不锈钢去除阈值)在不锈钢上冲击方式加工1mm深小孔,孔口同样存在严重的熔化物重凝堆积现象;进一步缩短飞秒激光脉冲宽度,脉冲宽度减小至125fs,脉冲能量密度为330J/cm^2。由于更高的功率密度,飞秒激光的非线性效应导致与空气作用产生波前畸变,相应在1mm厚金属材料上加工盲孔的孔形也不规则,如图4-79(b)所示。由于皮秒脉冲宽度激光在小于10ps脉冲宽度时,仍然具有非热熔性去除材料的特性,而且商业化皮秒激光器具有更大的脉冲能量,非线性效应也小得多。因此,采用数个皮秒脉冲宽度激光加工小孔反而具有更高的去除效率。

为了解决更高能量密度超短脉冲激光冲击加工较大深径比小孔仍然存在孔壁再铸层,而且加工效率低等问题,类似于低脉冲能量的纳秒激光加工小孔,采用了填充式旋切加工小孔的方式,5ps 激光加工 0.5mm 深小孔的效果如图 4-80(a)、(b)所示[17]。

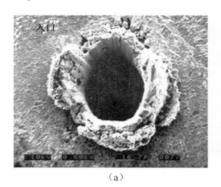

(a)   (b)

图 4-79 飞秒激光在 1mm 厚不锈钢薄片上冲击加工小孔

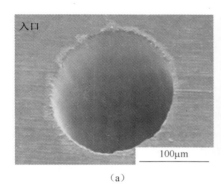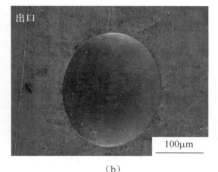

(a)   (b)

图 4-80 皮秒激光在 0.5mm 厚金属片上填充式旋切加工小孔

超短脉冲激光器技术日益成熟后,国外发展超短脉冲激光加工小孔技术如1.2.3 节所述,一个主要的目标就是实现高质量加工涡轮叶片气膜孔。

图 4-81 所示为德国 LUMEAR 公司在发动机叶片上开展皮秒激光加工单晶涡轮工作叶片气膜孔验证,激光脉宽为 10ps,叶片壁厚为 1mm,孔径为 400μm,倾斜度为 60°,可见孔形、孔壁质量非常高,孔壁异常光滑[18]。

美国 Michigan 大学研究人员利用飞秒脉冲激光器加工带有 EB-PVD 热障涂层的单晶高温合金材料(CMSX-4)。研究结果表明,采用飞秒激光完全可以在带涂层的高温合金上直接加工没有组织缺陷的小孔。但面临的问题在于当时飞秒激光功率极低,加工 0.8mm 深小孔甚至需要 10min 的时间,效率极其低下,无法达到工业化应用要求[19]。

美国 Mould 激光与光子中心(Mould Laser & Photonics Center)与推进技术董事会所属美国空军研究实验室(Air Force Research Laboratory,Propulsion Directorate,

AFRLPD)联合开发了皮秒激光直接在带热障涂层涡轮叶片上加工异型气膜孔技术,避免了以往纳秒、毫秒长脉冲激光加工小孔或纳秒激光、电火花二次加工方式导致的孔壁再铸层、热障涂层崩裂等缺陷,而且具有更高的加工效率[20]。

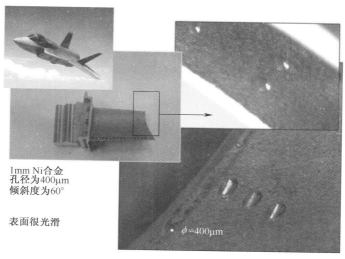

1mm Ni合金
孔径为400μm
倾斜度为60°

表面很光滑

图4-81　单晶叶片皮秒激光加工气膜孔照片

2014 年,德国一家科研机构报道,应用较高功率的皮秒激光实现了 3mm 深、0.3mm 孔径小孔的加工,深径比为 10∶1,加工时间为 2min,激光平均功率为170W,脉冲宽度不到 2ps,在优化工艺参数后,实现小孔无再铸层、热影响区,见图4-82[21]。

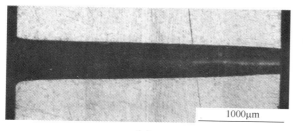
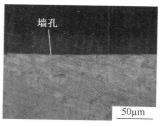

（a）　　　　　　　　　　　　　　　　　　（b）

图 4-82　高功率皮秒激光加工 3mm 深小孔分析照片

(a)孔纵截面整体形貌;(b)孔壁局部放大。

超短脉冲激光脉冲宽度小于 10ps,又称为超快激光。由于本书涉及的超短脉冲激光加工小孔研究成果均为采用脉冲宽度小于 10ps 的脉冲激光完成,以下统称超快激光。

4.3.2　超快激光加工小孔基本工艺特点及性能

本小节主要介绍不同加工时间、辅助吹气、焦点位置、焦距、扫描速度对超快激光加工小孔结果的影响规律。选用激光器的参数范围如下:脉冲宽度 2.1ps,最大脉冲能量 400μJ,脉冲频率 75kHz,最大平均功率 30W。加工小孔路径采用二维扫描振镜生成,加工头具备同轴辅助吹气功能[22-25]。

1. 不同加工时间超快激光加工小孔形貌特征

图 4-83 所示为在厚度为 2mm 的 DD6 镍基单晶高温合金经超快激光不同加工时间加工小孔的纵截面形貌。试验采用旋切加工方式,无辅助气体,图中从右到左加工小孔时间依次为 8s、20s、40s、60s、80s、120s。

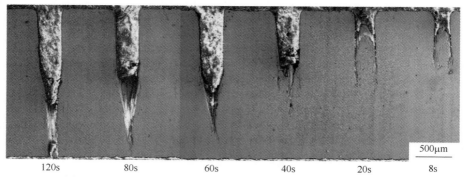

图 4-83　2mm 厚度 DD6 经超快激光加工不同时间的孔截面形貌

可见,当加工小孔时间小于 20s 时,孔中存在微小金属柱,金属柱外围存在明显的熔化现象,此时孔壁为 W 形双沟槽形貌,随着加工时间的增加,双沟槽深度也增大,当加工小孔时间为 60s 时,可以发现金属柱基本熔化消失;金属柱消失后,孔壁为 V 形单沟槽形貌,随着加工小孔时间的增加,单沟槽深度增大,加工小孔时间为 120s 时,孔中部材料完全被去除,形成通孔,此时出口孔径很小,随着加工时间的进一步增加,出口直径将增大。

2. 焦点位置对加工小孔的影响

激光束经透镜聚焦后,焦点处的能量密度最高,因此离焦量(焦点相对于材料表面的位置)对加工小孔锥度和效率的影响很大。

表 4-16 所列为不同离焦量条件下,超快激光加工小孔入口和出口孔径。加工小孔深度为 2mm,采用旋切加工方式,旋切直径为 750μm,焦距为 150mm,激光单脉冲能量为 400μJ。可见,入口孔径随着离焦量的绝对值增加而增大,出口孔径随着离焦量的绝对值增加而减小。

表 4-16　不同离焦量条件下皮秒激光加工小孔入口和出口孔径

离焦量/mm	入口孔径/μm	出口孔径/μm
2	758	383
1	749	383
0	747	397
-1	756	362
-2	771	348

根据表 4−16 所列数据计算得到不同离焦量时相应的孔锥度(全角),如图 4−84 所示,零离焦时,孔锥度最小。

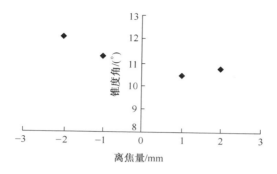

图 4−84 不同离焦量下皮秒激光加工小孔锥度

3. 辅助气体对加工小孔的影响

图 4−85 所示为在不同辅助吹气条件下,超快激光(能量密度 $\Phi = 22J/cm^2$)旋切加工 2mm 深小孔侧壁形貌。

图 4−85 不同辅助气体下超快激光加工小孔纵截面形貌

图 4−85(a)所示为无辅助气体制孔,图 4−85(b)所示为 0.3MPa 氧气作为辅助气体制孔,图 4−85(c)所示为 0.3MPa 氮气,图 4−85(d)~(f)分别为图 4−85(a)~(c)的局部放大图。由图可见,无辅助气体时,孔壁上存在平均厚度为 28μm 再铸层,并发现有微裂纹,靠近出口的孔径突然变小;采用吹气压力为 0.3MPa 的同轴辅助氧气或氮气,侧壁上都不存在任何热缺陷,孔径由入口到出口均匀变小。由孔壁局部放大图发现,无辅助气体时,再铸层与基底材料存在明显的界限,不存在热影响区等过渡区域;氧气和氮气作为辅助气体,孔壁附近材料的显微组织没有发生变化,γ' 的大小和形状都和镍基单晶高温合金 DD6 的母材一致,也不存在热影响区。

图 4-86 所示为加工小孔后孔入口表面形貌,图 4-86(a)所示为无辅助气体,图 4-86(b)所示为采用 0.3MPa 压力的氧气。图 4-86(c)所示为 0.3MPa 的氮气。无辅助气体时,表面无任何熔化飞溅物,孔口边缘较快地过渡到孔壁;在同轴辅助吹 0.3MPa 氧气时,孔口边缘存在沿圆周均匀分布的飞溅物沉淀,孔口边缘平缓过渡到孔壁,孔口存在圆角;在同轴吹 0.3MPa 氮气时,表面无明显飞溅物,孔口边缘界限明显,孔口同样存在圆角;3 种条件下孔形均较圆整。

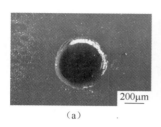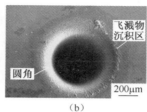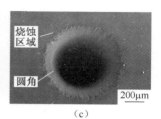

(a)　　　　　　　　　　(b)　　　　　　　　　　(c)

图 4-86　不同辅助气体下超快激光加工小孔入口表面形貌

如果要得到同样的加工出口孔径,上述 3 种条件加工小孔时间分别应为 180s、120s 和 60s,氮气作为辅助气体加工效率最高,为氧气的 2 倍,无辅助气体的 3 倍。

上述加工结果及现象分析如下。

加工小孔过程中,当加工深度较浅时,被超快激光气化的材料及等离子体较容易被排出孔外,热量随之排出,不会对孔壁造成热影响;但加工深度较深时,加工过程产生的高温物质较难自行排出,而且吸收部分激光能量,导致孔内热积累持续增加,从而增大对孔壁的热影响,也造成激光去除材料的能量利用率显著下降。加工过程同轴辅助吹气,具有冷却作用,降低热影响,在激光穿透材料后,高压辅助气体还有助于利用该通道将加工小孔过程产生的上述高温物质更有效地去除。由于氧气作为活性气体,会与金属材料产生氧化燃烧反应,辅助吹气的冷却效果不如氮气等惰性气体,从而导致孔内温度上升,相应会增加高温等离子体对激光的屏蔽吸收作用。因此,与氮气作为辅助气体相比较,氧气加工效率更低。

4. 透镜焦距对加工小孔的影响

聚焦后的光束直径和焦深量对加工小孔形貌和质量的影响很大,不同焦距的透镜对光束的聚焦效果不同,短焦距透镜得到更小的聚焦光斑,焦深量同样变小。

图 4-87 所示为镍基单晶高温合金 DD6,在不同透镜焦距下,超快激光加工小孔入口和出口形貌,焦点位于材料表面。由图可见,3 种焦距透镜加工小孔的出、入口圆整度都较好,但出口因加工时间不充分,仍附着毛刺。

表 4-17 所列为超快激光加工 2mm 深小孔,不同焦距透镜加工小孔的孔入口、出口孔径和相应锥度(半角)。很明显,锥度和入口孔径随着透镜焦距增加而增大,100mm 焦距透镜加工小孔锥度最小,且入口孔径最接近预设 700μm 的旋切直径。

图 4-87 超快激光加工小孔在不同透镜焦距下入口和出口形貌

表 4-17 不同焦距超快激光加工小孔出、入口孔径及相应锥度

透镜焦距/mm	200	150	100
入口孔径/μm	853	761	712
出口孔径/μm	536	471	588
锥度/(°)	5.17	4.78	1.77

5. 切割速度对加工小孔的影响

不同扫描速度的加工小孔结果如图 4-88 所示。加工选用的扫描速度分别为 64mm/s、128mm/s、256mm/s、512mm/s、1024mm/s，孔深 2mm，制孔时间为 1min。

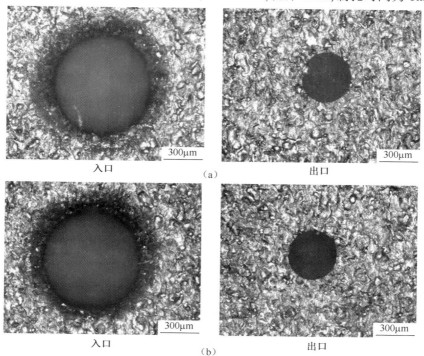

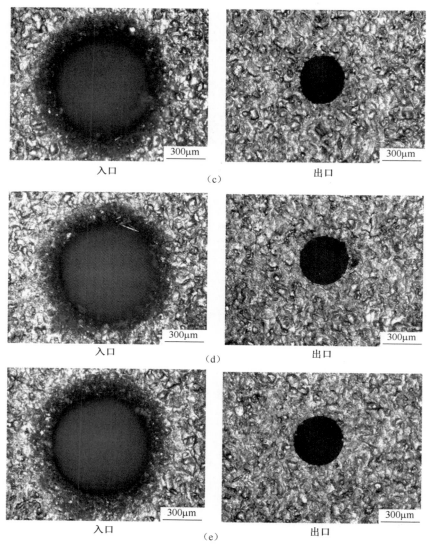

入口　　　　　　　（c）　　　　　　出口

入口　　　　　　　（d）　　　　　　出口

入口　　　　　　　（e）　　　　　　出口

图 4-88　不同扫描速度的超快激光加工小孔照片

（a）加工速度为 64mm/s；（b）加工速度为 128mm/s；（c）加工速度为 256mm/s；
（d）加工速度为 512mm/s；（e）加工速度为 1024mm/s。

由图可见,不同扫描速度超快激光加工小孔出、入口孔径及形貌无明显差异,出、入口孔径及差值列于表 4-18 中。

表 4-18　不同扫描速度超快激光加工小孔的孔径、出入口孔径差值

扫描速度 v/(mm/s)	入口孔径 D/mm	出口孔径 d/mm	出入口孔径差/mm
64	0.77	0.37	0.200

扫描速度 v/（mm/s）	入口孔径 D/mm	出口孔径 d/mm	出入口孔径差/mm
128	0.80	0.40	0.199
256	0.77	0.37	0.198
512	0.80	0.40	0.199
1024	0.80	0.40	0.200

表 4-18 所列数据显示，随着扫描速度由 64mm/s 增加到 128mm/s，入口及出口的孔径逐渐增加，进一步增加扫描速度由 128mm/s 增加到 1024mm/s，入口以及出口的孔径逐渐减小，但变化极小。采用不同扫描速度加工小备孔的锥度相差不大，出、入口孔径差值均在 0.2mm 左右。

从以上超快激光加工小孔结果可以得到以下两点结论。

① 辅助气体对超快激光加工小孔的加工质量有显著影响。与无辅助气体相比，同轴辅助吹气超快激光加工小孔孔壁几乎无再铸层、微裂纹等热致缺陷。而且辅助气体种类对激光加工小孔效率有显著影响，氧气与氮气相比，氮气效率更高。

② 透镜焦距和离焦量对小孔形貌有显著影响。超快激光采用常规方式聚焦旋切加工小孔存在明显锥度，使用焦距为 100mm 的透镜加工 2mm 深小孔锥度较小，离焦量为零时制孔锥度最小。

6. 超快激光加工小孔工艺优化后的基本性能

工艺优化主要基于现有设备条件完成，设备条件及可调工艺参数范围如表 4-19 所列。工艺优化的主要措施与纳秒激光加工小孔类似，采用了扫描填充加工小孔的方式，与旋切加工小孔相比，不仅总体效率高，而且有利于加工深孔，加工质量的一致性更好。

表 4-19　超快激光加工小孔工艺方法及主要工艺参数范围

加工方式	采用二维扫描振镜扫描填充加工，同轴辅助吹惰性气体，如氮气或氩气	
激光参量	激光波长	1030nm
	脉冲宽度	2.1ps
	脉冲能量	最大 400 μJ
	脉冲频率	最高 125kHz
	平均功率	最大 30W
其他工艺参量	聚焦焦距	150mm 或 100mm
	扫描速度	最高 2m/s
	填充间距	最大 0.05mm
	吹气压力	最小 0.1MPa

工艺优化后如图 4-89 所示，小孔孔壁无再铸层、微裂纹、热影响区，而且孔的圆度、孔壁表面粗糙度非常好，表面粗糙度可以控制在 $Ra1.6\mu m$ 以内。

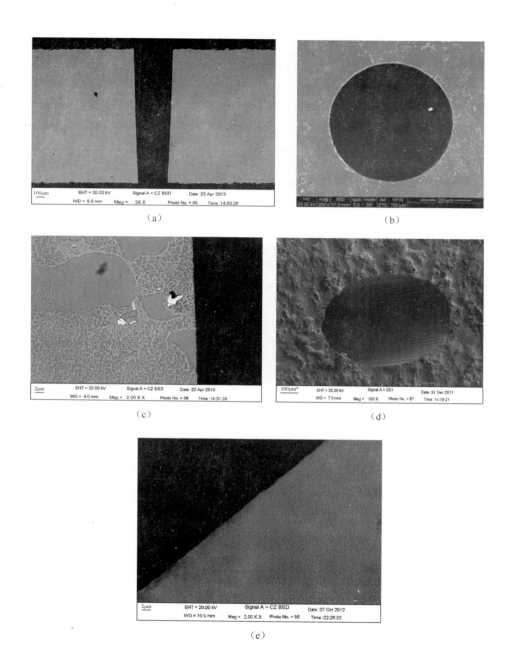

（a）

（b）

（c）

（d）

（e）

图4-89 超快激光加工小孔宏微观质量状况扫描电镜照片

（a）直孔纵截面；（b）直孔横截面；（c）直孔纵截面孔壁局部放大；（d）斜孔入口；（e）斜孔孔壁局部放大。

表4-20所列为加工不同深度小孔在参数优化条件下的时间,加工效率已具备工业应用条件。

表4-20　加工不同深度的0.4mm孔径小孔所需的时间

制孔深度/mm	制孔时间/s	孔径/mm	备注
1.5	20	0.4	加工0.3mm孔径小孔所需的时间会进一步缩短约20%
2	30	0.4	
2.5	45	0.4	
3	60	0.4	
3.5	90	0.4	
4	120	0.4	

图4-90所示为加工不同深度的0.4mm孔径小孔加工时间与深度的相关性。

5~6mm深小孔需要进一步增加加工时间,而且锥度效应更加明显。加工结果表明,5mm深小孔,达到孔径0.35~0.4mm,加工时间为3min40s,偏焦-2.5mm。加工6mm深小孔时,加工孔径与加工时间密切相关,偏焦-3mm,加工时间6min,孔径为0.3mm;加工时间为8min,孔径为0.35mm;加工时间超过10min,孔径甚至可以达到0.4mm。图4-91所示为加工完成的6mm深小孔的纵截面照片,出口孔径为0.3mm,入口孔径接近1mm,锥度非常明显。因此,如果需要减小超快激光加工小孔的锥度甚至得到零锥度、负锥度小孔,需要采用2.2.1节中所述倾斜聚焦旋切加工小孔的方法。

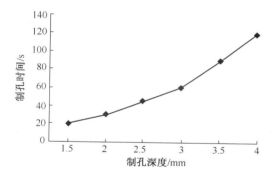

图4-90　制孔时间与制孔深度的相关性

图4-91　加工完成的深6mm、孔径0.3mm的小孔纵截面照片

上述加工数据表明,超快激光可以实现1min内加工深3mm、孔径0.4mm小孔,2mm深小孔仅30s,可以加工4mm以上深度小孔,最大加工深度达到6mm。超快激光加工小孔技术已具备加工较大深度小孔的能力,具备了加工叶片上气膜冷却孔的可行性。

图4-92所示为超快激光在无热障涂层的工作叶片上加工小孔的验证结果,小孔倾角分别为55°、70°,孔口无毛刺、边缘质量好、孔壁光滑。

163

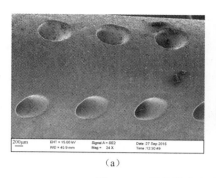
（a）

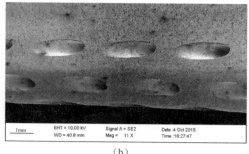
（b）

图 4-92　超快激光在叶片前缘加工不同倾角小孔照片

（a）55°倾角小孔；（b）70°倾角小孔。

4.3.3　表面制备热障涂层高温合金超快激光加工小孔

图 4-93 所示为超快激光旋切加工小孔的形貌，高温合金试样厚度为 1mm，涂层厚度为 0.2~0.3mm。采用超快激光加工小孔，由于激光功率低，单脉冲能量小，旋切加工通孔的时间通常为 1min 左右。图 4-93（a）所示为旋切加工孔径 0.3mm 的小孔入口形貌，加工时间 30s。由于此时小孔并未打通，因此，中间部分的材料仍在孔中。超快激光加工的孔壁非常光滑，能够清楚地看到陶瓷层、黏结层及金属层的分界线，而孔周围没有出现熔渣，说明超快激光加工，材料去除基本为气化，没有熔融材料附着在孔壁等部位。图 4-93（b）所示为加工 1min 的结果，原残留的中间柱形材料已从孔中掉出而形成完全通孔。

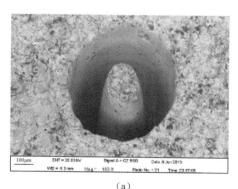
（a）

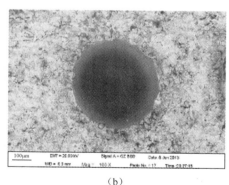
（b）

图 4-93　超快激光旋切加工带热障涂层高温合金小孔形貌

（a）加工 30s；（b）加工 1min。

但采用旋切方式加工小孔在进一步分析中发现，虽然金属区域小孔孔壁无再铸层、微裂纹，但热障涂层仍存在微裂纹，甚至掉块现象。分析认为，涂层受到加工小孔过程等离子体瞬间剧烈膨胀产生的冲击波影响，易导致涂层产生裂纹，两种工艺制备的热障涂层本身的结构差异导致裂纹产生形态的差异。等离子喷涂制备的涂层为层状结构,裂纹多沿平行于涂层表面方向生长,见图4-94;电子束物理气相沉积的涂层为柱状晶,一般会沿着柱状晶的间隙产生裂纹,见图4-95。

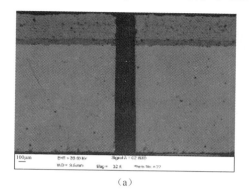 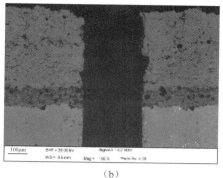

(a)　　　　　　　　　　　　　　　(b)

图4-94　超快激光在等离子喷涂制备涂层的高温合金旋切加工小孔形貌

(a)小孔截面;(b)陶瓷层中的微裂纹。

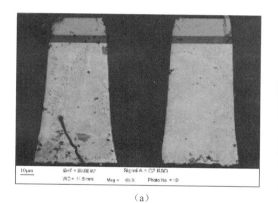 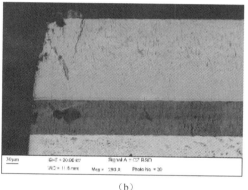

(a)　　　　　　　　　　　　　　　(b)

图4-95　超快激光在EB-PVD制备涂层的高温合金旋切加工小孔形貌

(a)小孔截面;(b)陶瓷层中的微裂纹。

同样,采用扫描填充方式加工,小孔区域热障涂层热致损伤得到有效避免,加工结果如图4-96所示。

图4-96(a)所示为电子束物理气相沉积涂层试样直孔纵截面照片,图4-96(b)所示为图4-96(a)直孔孔口局部放大照片,图4-96(c)所示为等离子喷涂涂层试样直孔孔口局部放大金相照片,图4-96(d)所示为电子束物理气相沉积涂层试样直孔孔口局部放大金相照片,图4-96(e)所示为等离子喷涂试样直孔孔口区域纵截面金相照片,图4-96(f)所示为等离子喷涂试样斜孔孔口局部放大金相照片,图4-96(g)所示为EB-PVD试样斜孔纵截面整体形貌照片,图4-96(h)所示为EB-PVD试样直孔入口形貌扫描电镜照片,图4-96(i)所示为在带热障涂层叶片上加工小孔的纵截面整体形貌,图4-96(j)所示为图4-96(i)入口区域的局部放大照片。

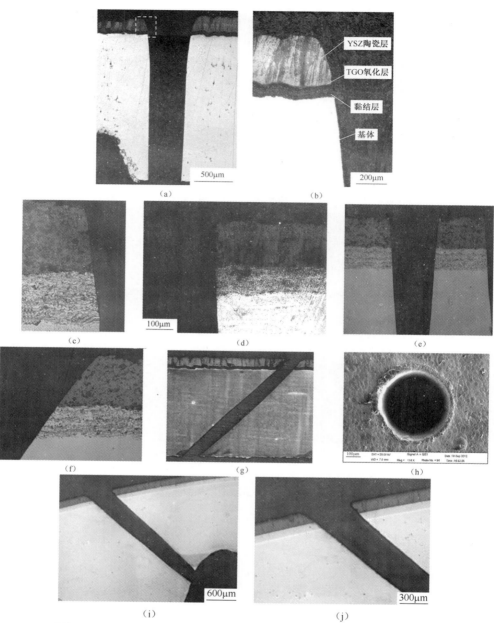

YSZ陶瓷层

TGO氧化层

黏结层

基体

500μm

200μm

(a)

(b)

100μm

(c)

(d)

(e)

(f)

(g)

100μm

(h)

600μm

300μm

(i)

(j)

图4-96 工艺优化后带热障涂层试样与叶片超快激光加工小孔分析结果

由图可见,工艺优化后,超快激光加工表面制备热障涂层的单晶高温合金小孔,无论是等离子喷涂涂层还是电子束物理气相沉积涂层试样,均实现了加工小孔孔壁不但无再铸层、微裂纹、热影响区,而且热障涂层与黏结层、黏结层与镍基单晶合金之间均不存在分层、开裂现象,也不存在明显掉块、脱落等现象。孔口、孔壁形貌非常好,总体质量远好于毫秒及纳秒激光加工小孔。

4.4 激光加工异型孔

异型孔由于具有更好的气膜冷却效果,早已在航空发动机涡轮叶片冷却结构中应用,如图 4-97 和图 4-98 所示。主要由控制气体流量的圆柱形通孔及扩散段组成,扩散段有长圆形、圆锥形、豌豆形、梯形等多种形状。

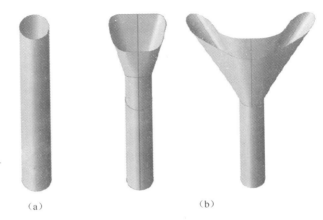

(a)   (b)

图 4-97 普通圆柱形气膜孔与典型异型孔三维形貌示意图

(a)圆柱形孔;(b)两种典型形貌异型孔。

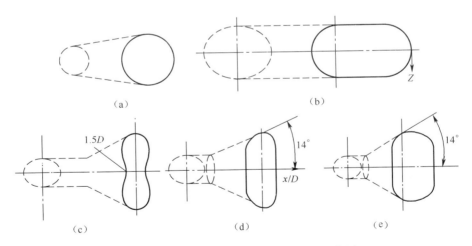

(a)   (b)

(c)   (d)   (e)

图 4-98 不同结构特征扩散段异型孔示意图

(a)圆锥形;(b)长圆形;(c)豌豆形;(d)梯形;(e)多边形。

针对异型孔的结构特征,国内外采取了多种加工方法,而且申报了多项专利,主要分布于美国、日本、德国、中国等。异型孔加工最早采取的方法是电火花加工,但效率较低,该方法其他不足见 1.2.3 小节。为提高效率,有采用二步法加工,即激光加工圆柱形孔,电火花成形电极加工孔的扩散段;也有采用激光直接切割加工的方法,扩散段加工需要激光调整入射角度使之与扩散段内壁面平行,为了避免激光加工扩散段破坏圆柱形孔壁,需要优化工艺,必要时采用填入防护材料的方法,见图4-99。

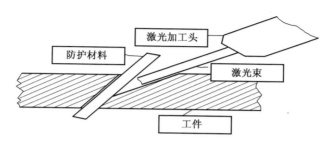

图4-99 激光切割加工异型孔扩散段填入防护材料示意图

本节基于已有研究成果,分别介绍激光切割加工异型孔及逐层去除法加工异型孔工艺及其加工特点及效果,包括在表面制备热障涂层高温合金超快激光逐层去除加工异型孔。

4.4.1 激光切割加工异型孔

采用切割方式加工异型孔,前提是异型孔结构特点适用于切割加工。本小节涉及的异型孔典型形状及特点见图4-100,由常规的圆柱形孔与近似梯形漏斗形状的扩散段组合而成,沿孔轴方向投影,二维平面图可以近似视为由梯形和圆相切组成。示例中异型孔的圆柱形孔轴线与材料表面法线的夹角 α 为55°,扩散段孔壁轴向截面与孔轴线的夹角 β 为20°。

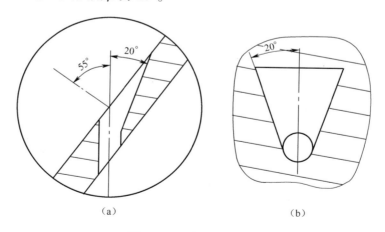

图4-100 异型孔示意图
(a)纵截面示意图;(b)沿孔轴向俯视示意图。

基于毫秒激光脉冲能量大、相应激光单位脉冲材料去除量大、效率高的特点,选用毫秒脉冲激光切割加工异型孔。由于激光束直线传导的特点,激光切割加工异型孔的难点在于如何按设计要求精确切割得到满足设计要求的扩散段,而且确保在切割过程中,激光不会损伤已加工圆柱形通孔的对面壁。

针对上述异型孔梯形漏斗形状扩散段的结构特点,切割加工实施技术途径的关键在于基于具备二维数控旋转功能的激光加工头,应用 RTCP(Rotation around Tool Center Point)功能,即围绕刀具中心点旋转功能。

RTCP 功能的实质是刀具中心点 O 点(在激光加工应用时,可以看作激光束焦点或用户自己定义的激光束作用方向某一点),如图 4-101 所示。在激光加工头旋转运动(R 轴)或偏转运动(S 轴)或 R 轴、S 轴同时二维转动过程中,通过机床 X、Y、Z 坐标相应联动保证 O 点空间位置始终不动。简单地说,就是启动 RTCP 功能后,仅仅输入加工头转动位移指令,在加工头旋转运动时,数控系统自动控制 X、Y、Z 轴同步运动,实现定义的刀具中心点的 X、Y、Z 坐标位置静止不动。

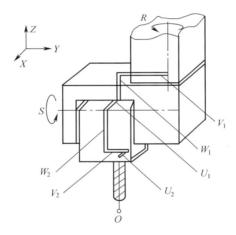

图 4-101　实现 RTCP 功能需要确定的
二维旋转激光加工头参数示意图

实现 RTCP 功能需要准确确定定义的刀具中心点相对于二转轴(R 轴、S 轴)的相对位置(U_1、V_1 和 U_2、V_2)以及刀具中心点位置相对于二转轴的旋转半径。而且机床本身的几何精度、运动精度也非常重要。

实际加工应用时,首先采用通常的旋切法加工圆柱形的通孔,如果在后续异型扩散段加工时,根据设计结构分析,判断激光因直线传导的特点会损伤已加工完成圆柱形孔的内壁,则需要在孔内插入可以遮挡激光的防护材料,如聚四氟乙烯等,如图 4-99 所示。

RTCP 功能主要应用于异型孔入口梯形漏斗形状扩散段长边的切割,见图4-102。

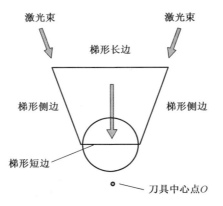

激光束　　　　激光束

梯形长边

梯形侧边　　　　梯形侧边

梯形短边

刀具中心点O

图4-102　激光直接加工异型孔轨迹示意图

在激光切割异型孔入口梯形漏斗形状扩散段长边过程中,刀具中心点定义在拟加工异型孔两侧边延长线的交点处,切割过程中运动轨迹仅给定梯形两侧边的夹角,启动RTCP功能,使激光加工头围绕定义的刀具中心摆动,实际的效果是切割出梯形长边,激光切割方向向心运动。长边切割完成后,将梯形长边两端作为起点,并保持相应的摆角及倾角,取消RTCP功能,通过X、Y、Z插补切割梯形两侧边,最后加工头摆角调整为0°,以其中一侧边端点作为起点,另一侧边端点作为末点切割梯形的短边,梯形孔短边与圆形孔直径等长度。实际加工轨迹程序的编制取决于拟加工孔的设计要求,如梯形孔两侧边的夹角、与材料表面夹角、边长(投影方向)、圆柱形通孔的孔径、与工件表面的夹角等。

采用该方法加工完成的异型孔见图4-103。

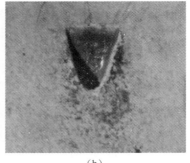

(a)　　　　　　　　　　　　　(b)

图4-103　激光切割加工完成的异型孔照片

(a)高温合金上加工的异型孔;(b)在制备热障涂层的高温合金上加工的异型孔。

该方式最大的问题是加工异型孔的结构形式有限,而且防护难度大,由于采用毫秒长脉冲激光加工,孔壁质量一般,仍存在明显的再铸层等热致缺陷。

4.4.2　激光逐层去除加工异型孔

该加工方式类似于激光增材制造的逆向过程,采用逐层减材完成。由于逐层去除要求去除量控制精度高,因此相应要求单个激光脉冲去除量小且一致性好,材料去除以气化为主,避免熔化物重凝堆积,因此,采用纳秒脉冲激光和超短脉冲激光进行了该方法验证。验证实施的异型孔的设计结构如图4-100所示,与切割加工法实施的异型孔设计基本一致。

验证实施首先需要生成激光逐层去除加工异型孔程序,流程如4-104所示。

其中异型孔数模的分层切片是基于三维数模对异型孔沿圆柱形孔轴线进行分层切片,得到每层切片的轮廓数据,切片间距可以调整。例如,切片间距为0.1mm,圆孔孔径为0.4mm。切片可以采用两种模式,如图4-105所示,图4-105(a)所示为由圆柱形孔和扩散段按顺序整体切片,图4-105(b)所示为仅对扩散段进行切片,圆柱形孔仍采用多个同心圆方式填充去除。

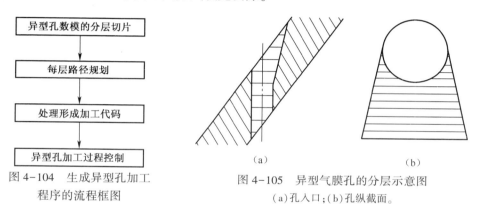

图4-104　生成异型孔加工
程序的流程框图

图4-105　异型气膜孔的分层示意图
(a)孔入口;(b)孔纵截面。

第二种模式切片的三维示意图见图4-106。

每层路径规划主要基于切片获得的轮廓数据,生成逐层填充加工的具体路径数据,主要有两种填充路径模式,分别为环状填充和Z形填充,生成路径的效果如图4-107所示。

图4-106　异型孔扩散段分层切片示意图

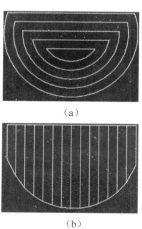

图4-107　填充路径的模式
(a)环状填充;(b)Z形填充。

171

在获得每层填充路径数据之后则需要生成实际加工运动程序代码,即通过对生成路径数据进行后置处理,形成实际运动的程序代码。由于验证是基于二维扫描振镜完成,因此,后置处理是基于相应扫描振镜运动控制要求完成加工路径程序的自动生成。

最后的加工过程控制,实质是将生成的振镜加工代码再转化为振镜的可执行指令。例如,基于异型孔逐层去除加工验证所用振镜的 ScanPack 软件,将振镜的执行指令转化为 API 接口的命令。

以下为实际完成纳秒、超快激光逐层去除加工异型孔的结果。

1. 纳秒激光加工异型孔

图 4-108 所示为采用纳秒激光先加工异型孔扩散段再加工圆柱形通孔,异型孔的入口及出口形貌的光学显微放大照片,可见加工完成的异型孔入口形貌符合设计要求,但孔锥度较大,圆柱形孔出口较小,不到 200μm。图 4-109 所示为纵截面照片,进一步验证了圆柱形孔段具有明显锥度。进一步放大异型孔部位和圆柱形孔部位,可以发现异型孔壁有一定厚度的再铸层,而圆柱形孔段的再铸层不明显。

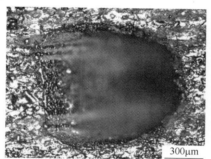
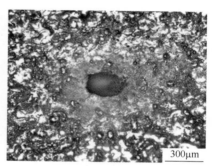

(a)   (b)

图 4-108　纳秒激光加工异型孔出入口形貌的光学显微照片

(a)入口;(b)出口。

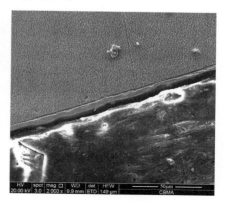

(a)   (b)

图 4-109　纳秒激光加工异型孔的扫描电镜照片

(a)纵截面;(b)异型孔扩散段孔壁局部放大。

172

图 4-110 所示为异型孔入口的扫描电镜照片。从图中可以看出,异型孔扩散段孔壁存在明显金属熔化后重凝的沉积物。

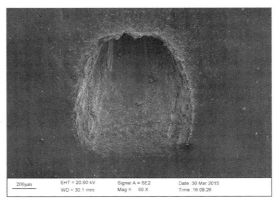

图 4-110　纳秒激光先加工异型后加工圆孔的异型孔扫描电镜照片

针对以上不足,改进了异型孔加工工艺。图 4-111 所示为改进工艺后加工异型孔入口的扫描电镜照片。由图 4-111(a)可见,异型孔扩散段孔壁表面金属重凝沉积物明显减少,表面质量得到提高,但孔纵截面照片见图 4-111(b),表明孔壁仍存在重凝沉积物。

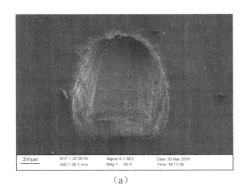

（a）

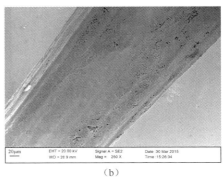

（b）

图 4-111　纳秒激光先圆孔后异型加工的异型孔扫描电镜照片
(a)入口形貌;(b)孔内壁形貌。

图 4-112 所示为在带热障涂层高温合金试样上加工异型气膜孔照片,可见孔口边缘涂层存在明显开裂及轻微崩块,如图 4-112(a)所示,而且孔壁尤其是异型孔扩散段孔壁存在明显的再铸层,见图 4-112(b)。

纳秒激光加工异型孔(包括在高温合金和带热障涂层高温合金上加工异型孔)结果表明,其表面质量良好,异型孔的壁面过渡较为均匀,但存在一定厚度的再铸层,孔口边缘涂层存在开裂、轻微崩块现象。

由于纳秒激光仅几个毫焦耳脉冲能量,穿透能力不足,导致加工的圆柱形通孔存在较大的锥度,孔出口小,加工孔深在 3mm 以上的异型孔可行性较差。

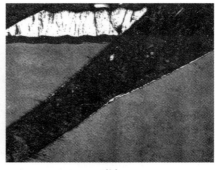

（a）   （b）

图 4-112   带热障涂层高温合金纳秒激光加工的异型孔照片

(a)入口形貌；(b)孔纵截面金相照片。

2. 超快激光加工异型孔

图 4-113 所示为采用超快激光先加工异型孔扩散段再加工圆柱形通孔，异型孔的入口及出口形貌的光学显微放大照片，逐层去除的扫描速度为 1000μm/s，图 4-113(a) 显示异型孔入口形貌符合设计要求，入口边缘无明显的飞溅物，图 4-113(b) 所示为异型孔出口，孔径达到 0.4mm，可见孔出入口的边缘质量均较好，无明显毛刺、飞溅物。

（a）   （b）

图 4-113   超快激光加工异型孔的光学显微照片

(a)入口；(b)出口。

图 4-114 所示为扫描电镜照片，图 4-114(a) 所示为异型孔入口，实际上异型孔内壁表面较为粗糙。图 4-114(b) 所示为异型孔入口进一步放大照片，结果显示异型孔内壁存在明显的熔化物重凝固的痕迹。图 4-114(c) 所示为异型孔纵截面的扫描电镜照片，表明异型孔扩散段区域内壁表面质量较差，存在明显的重凝物沉积，金相分析表明，孔壁存在再铸层，如图 4-114(d) 所示。

图 4-115 所示为将逐层去除扫描速度提高到 256000μm/s 的加工结果，加工时间与 1000μm/s 速度条件下相同。图 4-115(a) 所示为异型孔入口的形貌，由图可见与低扫描速度结果一致，异型孔边缘无明显的飞溅物；图 4-115(b) 所示为入

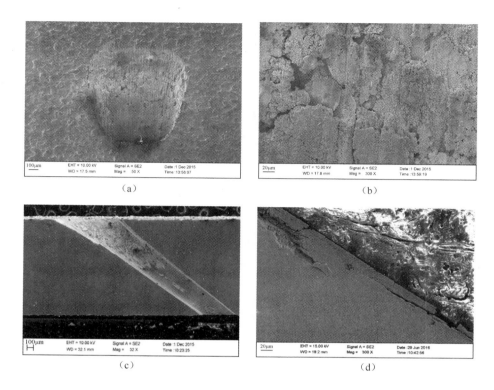

图 4-114　超快激光加工异型孔纵截面扫描电镜照片

（a）入口；（b）入口局部放大；（c）孔纵剖面；（d）孔纵剖面金相分析局部放大。

口内壁的进一步放大照片，由图可见表面仍较为粗糙，存在沿孔轴向分布微细沟槽，但比扫描速度为 $1000\mu m/s$ 有明显改善。

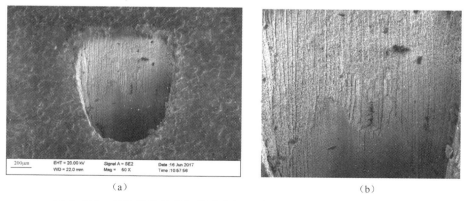

图 4-115　超快激光较高扫描速度加工异型孔入口形貌扫描电镜照片

（a）入口；（b）入口局部放大。

图 4-116 所示为异型孔纵截面的形貌，由图 4-116（a）可见，沿孔轴方向孔形

状基本符合设计要求,圆柱形孔几乎无锥度,进一步放大可以看出在异型孔的纵截面边缘无明显的裂纹,存在一定厚度的再铸层,但与孔壁结合松散,厚度较低扫描速度下明显减薄,如图4-116(b)所示。

图4-117所示为超快激光采用上述相同工艺在带热障涂层高温合金上加工异型孔的光学显微照片,图4-117(a)所示为入口的照片,可见入口边缘有少量的飞溅物,边缘质量不如无涂层试样加工结果;图4-117(b)所示为出口的形貌,孔径约为300μm。

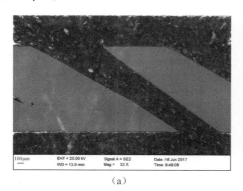 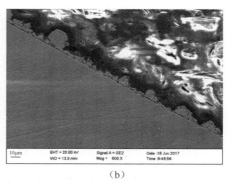

(a)   (b)

图4-116　超快激光较高扫描速度加工异型孔纵截面扫描电镜照片
(a)纵截面;(b)局部放大。

(a)   (b)

图4-117　带热障涂层高温合金上超快激光加工异型孔光学显微照片
(a)入口;(b)出口。

图4-118所示为超快激光在带热障涂层高温合金上加工异型孔入口的扫描电镜照片。图4-118(a)所示为入口,可见异型孔内壁表面较为平滑,图4-118(b)所示为入口进一步放大的扫描电镜照片,显示异型孔内壁表面局部区域有微裂纹和熔化重凝物。图4-118(c)所示为孔纵剖面的扫描电镜照片,可见涂层与金属基体结合较好,不存在涂层剥离等现象。

图4-119所示为改进工艺后加工结果,扫描速度保持为256000μm/s及同样的加工时间。由图可见表面质量明显改善,已不存在明显的重凝物沉积,无微裂

纹;纵截面金相分析结果如图4-119(c)、(d)所示,基本无再铸层,孔壁表面粗糙度较高,在2μm以内。

图4-120所示为工艺优化前后超快激光加工带热障涂层高温合金异型孔入口区域纵截面的扫描电镜照片。

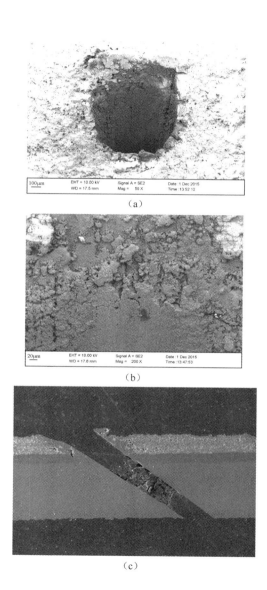

（a）

（b）

（c）

图4-118　在带热障涂层高温合金上超快激光加工异型孔的扫描电镜照片
（a）入口;（b）入口局部放大;（c）纵剖面。

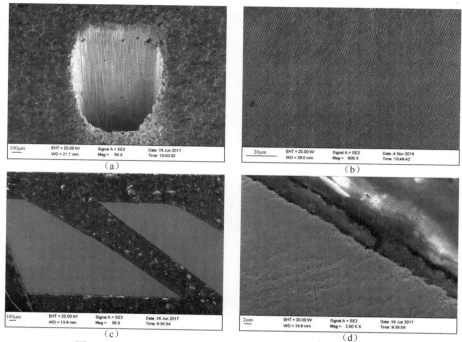

图 4-119　优化工艺后超快激光加工异型孔的扫描电镜照片

(a)入口;(b)入口局部放大;(c)纵截面;(d)纵截面孔壁局部放大。

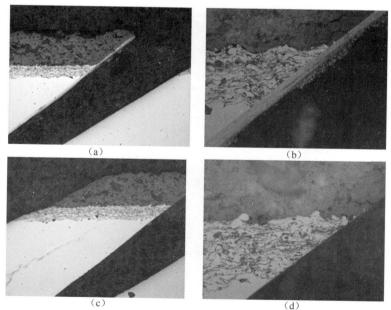

图 4-120　优化工艺后超快激光加工带热障涂层高温合金异型孔的扫描电镜照片

(a)后加工圆柱形异型孔入口纵截面;(b)图(a)的局部放大;

(c)先加工圆柱形异型孔入口纵截面;(d)图(c)的局部放大。

178

由图 4-120(a)、(b)可见,工艺优化前,无论是热障涂层还是高温合金孔壁表面均存在熔化物重凝层,工艺优化后,如图 4-120(c)、(d)所示,在带热障涂层的异型入口孔壁已不存在明显的再铸层附着。

工艺优化后,超快激光在带热障涂层高温合金上加工异型孔的纵截面整体形貌扫描电镜照片如图 4-121(a)所示,涂层区域及其高温合金区域孔壁局部放大照片见图 4-121(b)、(c),由图可见涂层无分层、开裂及崩块,高温合金区域孔壁也无再铸层、微裂纹和热影响区。

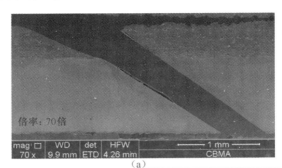

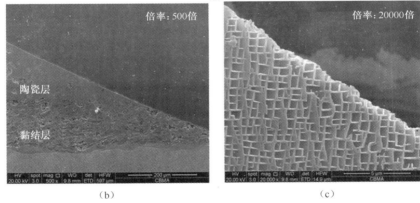

图 4-121　优化工艺后超快激光加工带热障涂层高温合金异型孔的扫描电镜照片
(a)异型孔纵截面整体形貌;(b)涂层区域孔壁局部放大;(c)高温合金孔壁局部放大。

上述研究结果表明,超快激光同样可以实现直接加工异型孔,质量明显好于纳秒激光加工。工艺优化后,不仅孔内壁基本不存在再铸层或重凝物沉积,而且涂层与金属基体结合较好,不存在涂层开裂与明显崩块现象。

4.5　激光加工无锥度小孔

激光束聚焦后离开焦点位置会发散,离焦点越远,激光功率密度或能量密度下降越多,因此,加工小孔深度较大时,会存在明显的锥度,尤其是纳秒脉冲激光和超快激光加工小孔,由于脉冲能量较小,如纳秒激光通常单脉冲能量仅为几个毫焦耳,超快激光甚至低于0.5mJ,导致锥度问题更明显,见图2-12。减小激光加工小孔锥度,甚至实现无锥度、倒锥度小孔加工可以采用倾斜聚焦旋切加工小孔的方法,如图2-13所示,该方法加工无锥度、倒锥度小孔与通常旋切加工小孔的对比如图4-122所示。

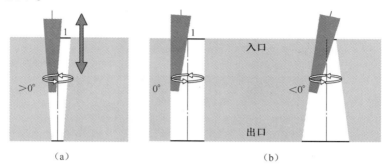

(a)   (b)

图4-122　倾斜聚焦旋切加工小孔与传统旋切加工小孔的示意图
(a)通常旋切加工小孔;(b)倾斜聚焦旋切加工小孔。

锥度的存在导致实际加工小孔尺寸、形状与设计要求不符。例如,在叶片上加工气膜冷却孔,为了保证小孔冷却气体流量及冷却效果,需要出口孔径基本符合设计要求;为了保证出口孔径,相应叶片外表面的孔入口尺寸要大于设计尺寸,虽然锥度对冷却效果的影响尚无定论,但偏大的入口尺寸理论上会降低叶片的疲劳强度。

本节主要介绍采用超快激光倾斜聚焦后填充式旋切加工法加工无锥度小孔的验证结果。

试验验证选用的超快脉冲激光器主要参数如下。

脉冲宽度2.1ps,平均功率最大30W,重复频率125kHz,单脉冲能量400μJ,与表4-19中的激光参数一致。

采用三楔形镜组合的倾斜聚焦旋切加工小孔装置如图4-123所示,通过调节楔形镜1、2的距离调节倾斜角度,通过调节楔形镜2、3的相对角度调节旋切半径。仅旋切加工小孔时,已调整固定倾斜角度及旋切半径的三楔形镜组绕孔轴旋转,若

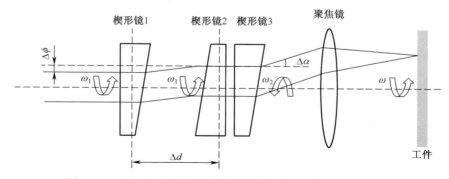

图4-123　基于三楔形镜的倾斜聚焦旋切加工小孔装置示意图

采用填充式旋切加工小孔,则需要同步调整旋切半径,即楔形镜 2、3 的相对角度,根据需要也可以同步调整倾斜角度。例如,加工小孔过程中,聚焦激光束运动于孔中心轴时,倾斜角度可以调整为 0°。整个加工小孔过程同轴辅助吹气。

图 4-124 所示为不同倾斜聚焦角度在 2mm 高温合金样件上加工小孔的不同倾斜角度与加工小孔的锥度关系曲线。

组合楔形镜旋转速度为 200r/s,旋转直径为 0.4mm。可见,随着倾斜角度的增加,孔锥度减小,当倾斜角度达到 2.8°时,锥度角度仅为 0.17°,当倾斜角度达到 3.2°时,锥度为 0°。

图 4-125 所示为采用倾斜聚焦填充式旋切加工 2mm 深无锥度小孔的入口和出口形貌。由图可见,孔圆整度较好,表面也无明显飞溅物等缺陷,孔壁光滑、平整。

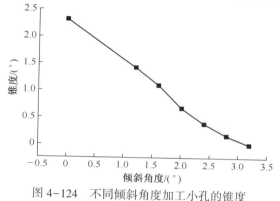

图 4-124 不同倾斜角度加工小孔的锥度

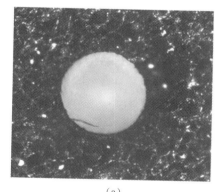

(a)   (b)

图 4-125 加工零锥度孔的孔口及孔壁纵截面形貌

(a) 入口;(b)出口。

图 4-126 所示为采用倾斜聚焦填充式旋切加工深 2mm 及 3mm 的小孔的纵截面照片,同样实现了几乎无锥度小孔加工,孔壁平整、光滑。

图 4-127 所示为 3mm 深孔纵截面孔壁侵蚀后金相分析照片,可见孔壁无再铸层。

下面为加工路径对加工小孔效率的影响研究结果。

(a)   (b)

图 4-126 加工零锥度孔的孔口及孔壁纵截面形貌

(a)深 2mm；(b)深 3mm。

图 4-127 3mm 深小孔孔壁纵截面金相照片

同样采用旋转速度 200r/s、最大旋转直径 0.4mm、最大倾斜角度 2.8°的加工参数,选用两种加工路径,对比制孔效率。第一种加工路径为旋转直径从 0~0.4mm一直变化地循环加工,见图 4-128(a);第二种加工路径制孔第一阶段与第一种加工路径相同,但是随着加工时间的增加,内圈直径由 0mm 依次变为 0.08mm、0.16mm、0.24mm、0.32mm,见图 4-128(b)。利用上述两种加工路径,加工 2mm 深小孔。结果表明,加工成孔的出入口的孔径一致,但第一种加工路径制孔的时间为240s,第二种加工路径制孔的时间为 60s,加工效率显著提升。

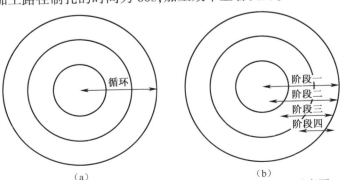

(a)   (b)

图 4-128 两种激光倾斜聚焦填充式旋切加工小孔路径示意图

4.6 复合材料激光加工小孔

如 1.2.3 小节所述,复合材料构件的去除加工,目前仍主要采用机械加工方式。但存在接触式加工导致的刀具磨损严重、粉尘大、切缝表面易分层、撕裂等问题,图 4-129 所示为在碳化硅纤维增强碳化硅复合材料(CMC)机械钻孔导致的孔壁纤维裸露、撕裂。因此,非接触式的激光加工复合材料是复合材料构件精密去除加工的发展趋势之一。

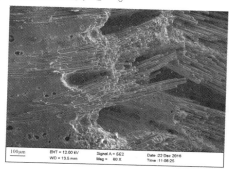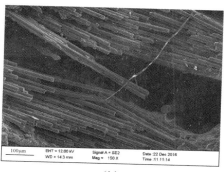

（a） （b）

图 4-129 硬质合金钻头钻孔导致的孔内壁纤维裸露撕裂

（a）孔壁局部；（b）孔壁局部进一步放大。

本节介绍超快激光、毫秒脉冲激光在 CMC 加工小孔的试验验证结果。

1. 超快激光加工小孔

图 4-130 所示为采用超快激光在 CMC 加工小孔后孔口形貌的扫描电镜照片,孔深为 3mm。图 4-130(a)所示为入口的显微组织形貌,由图可见,入口处没有明显组织损伤,表面也无飞溅物,而且孔的圆整度非常好。图 4-130(b)所示为图 4-130(a)箭头所指位置放大的显微组织照片,由图可见孔边缘也无明显的组织缺陷及熔化痕迹。

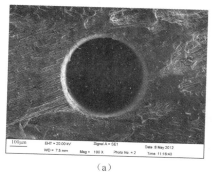

（a） （b）

图 4-130 CMC 复合材料超快激光加工小孔横截面的显微组织照片

（a）孔入口；（b）孔入口边缘局部放大。

图 4-131 所示为采用超快激光加工小孔后孔的纵剖面扫描电镜照片。结果表明,小孔有一定的锥度,孔内壁无明显熔化物存在,孔的纵剖面边缘平直度较好,孔壁边缘无明显热影响区存在,如图·4-131(a)所示。图 4-131(b)所示为 B 区域放大的扫描电镜照片,由图可以看出加工小孔边缘无明显热致性缺陷,孔边缘显微组织也无明显变化,说明孔边缘无明显的热影响区。图 4-131(c)所示为 C 区域放大的扫描电镜照片,结果显示,孔内壁光滑、无附着物,有少量细小白色颗粒,还可以明显地看出 CMC 内部存在一些孔洞,孔洞是 CMC 在致密化过程中产生的气体扩散所致[26]。

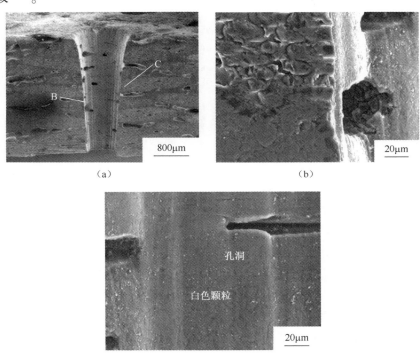

（a）　　　　　　　　　　　　　　　（b）

（c）

图 4-131　CMC 超快激光加工小孔剖面的显微组织照片

图 4-132 所示为超快激光在树脂基复合材料(以下简称 CFRP)上加工小孔结果。可见,孔同样很圆整,孔壁光滑,无纤维裸露,但存在表面树脂熔化翻边现象,如图 4-132(b)所示。

图 4-133 所示为超快激光与 CO_2 连续激光切割 CFRP 的切口表面形貌的比较,可见超快激光加工断面表面树脂层、纤维层清晰,无烧蚀现象,而 CO_2 激光加工,切口断面存在明显的熔化烧蚀。

2. 毫秒脉冲激光加工小孔

试验验证同样在 3mm 厚的 CMC 平板试样上完成。

图 4-134 所示为毫秒激光在 CMC 辅助吹气旋切加工小孔入口的典型形貌,孔深同样为 3mm,与图 4-130 相比,孔圆整度显然差得多。

184

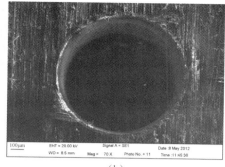

（a）   （b）

图 4-132　CFRP 超快激光加工小孔剖面的显微组织照片

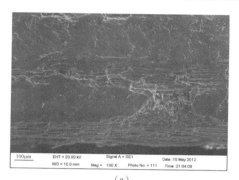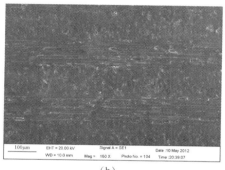

（a）   （b）

图 4-133　超快激光与 CO_2 激光加工 CFRP 切口表面形貌的比较

（a） CO_2 激光加工；（b）超快激光加工。

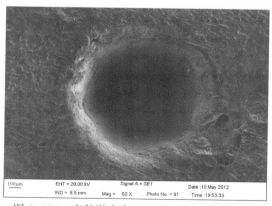

图 4-134　毫秒激光在 CMC 加工小孔入口形貌

图 4-135 所示为毫秒激光辅助吹氮气加工小孔纵截面的显微组织照片，图 4-136所示为毫秒激光辅助吹氧气加工小孔纵截面的显微组织照片。

由图可见由于毫秒激光脉冲能量大，加工小孔的锥度比超快激光要好得多，几乎无锥度，甚至可能出口孔径比入口孔径大，但孔壁存在明显的烧蚀现象，尤其在非纤维层，因此，烧蚀区呈间隔分布。

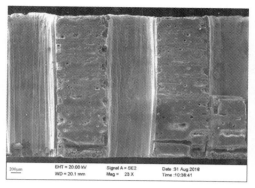

图4-135 毫秒激光辅助
吹氮气加工小孔纵截面形貌

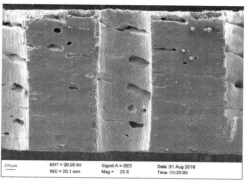

图4-136 毫秒激光辅助
吹氧气加工小孔纵截面形貌

图4-137所示为毫秒激光辅助吹氮气与吹氧气在同样速度、不同功率条件下加工小孔孔壁表面显微组织照片。由图可见,孔壁表面均存在明显的熔化重凝物,表面产生龟裂。

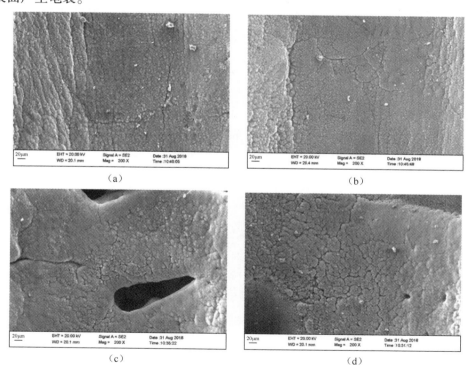

图4-137 不同激光功率及辅助气体毫秒加工小孔孔壁显微形貌
(a)85W、100mm/min,氮气;(b)147W、100mm/min,氮气;
(c)85W、100mm/min,氧气;(d)147W、100mm/min,氧气。

参 考 文 献

［1］张晓兵,王健. 激光旋切打孔［J］. 燃气涡轮试验与研究,1993,6(4):23-25.

［2］张晓兵,李其连. 激光加工小孔工艺及其孔壁再铸层对 DZ22 高温合金疲劳性能的影响［J］. 航空工艺技术,1995(2):20-22.

［3］张晓兵. YAG 激光加工工艺及应用发展趋势［J］. 航空工艺技术,1997(增刊):12.

［4］张晓兵. 激光加工涡轮叶片气膜孔的技术现状及发展趋势［J］. 应用激光,2002,22(2):227-229.

［5］张晓兵. 改善激光加工 Ni_3Al 基合金小孔质量的研究［J］. 航空制造技术,2004(z1):126-128.

［6］张晓兵. 100～700ns 脉冲列 YAG 激光加工镍基合金小孔研究［J］. 应用激光,2005,25(2):90-92.

［7］张晓兵. 纳秒脉冲序列激光加工小孔技术研究［C］//2009 年先进光学技术及其应用研讨会论文集,杭州,2009.

［8］张晓鹏,费群星,张晓兵. 百纳秒脉宽 Nd:YAG 制孔激光器的研制［J］. 应用激光,2012,32(5):416-419.

［9］Zhang X B. Research on laser drilling in diverse modes by ns pulse laser［C］. ICALEO 2013,Miami,2013.

［10］Zhang X P,Zhang X B. Hundred-nanosecond pulse width Nd:YAG laser［J］. 稀有金属材料与工程,2013,42(增刊 2):193-196.

［11］Forsman A C,Banks P S,et al. Double-pulse machining as technique for the enhancement of material removal rates in laser machining of metals［J］. Journal of Applied Physics 2005,98:1.

［12］Weber R,Onuseit V,Tscheulin S,et al. High-efficiency laser processing of CFRP［C］. ICALEO 2013,Miami,2013.

［13］Phipps C. Laser applications overview:The state of the art and the future trend in the United States［C］. Third International Symposium on Laser Precision Microfabrication (LPM 2002),Osaka,2002.

［14］Chen X L. Short pulse high intensity laser machining［Z］. Laser Appl,General Electric Corporate Research and Development,1999.

［15］Chen X L,Liu X B. Short pulsed laser machining:How short is short enough［J］. Journal of laser applications,1999,11(6):268-272.

［16］Chichkov B,Momma C,Nolte S,et al. Femtosecond,picosecond and nanosecond laser ablation of solids［J］. Applied Physics A,1996,63(2):109-115.

［17］Föhl C,Dausinger F. High percision laser drilling with ultra short pulses-fundamental aspects and technical applications［C］. 2nd Pacific International Conference on Application of Lasers and Optics,Melbourne,2006.

［18］Herrmann T,Klim B,Siegel F. Micromachining with picosecond laser pulses［J］. Industrial Laser Solutions,2004,19(10):34.

［19］Feng O,Picard Y N,McDonald J P. Femtosecond laser machining of single-crystal superalloys through thermal barrier coatings[J]. Materials Science and Engineering A, 2006(430):203-207.

[20] Druffner C, Dosser L, Roqguemore W, et al. Picosecond laser machining of shaped holes in thermal barrier coated turbine blades[Z]. 2009.

[21] Uchtmann H, Friedrichs M, Kelbassa I. Drilling of cooling holes by using high power ultrashort pulsed laser radiation[C]. ICALEO 2014, San Diego, 2014.

[22] Sunr R F, Zhang X B, et al. Characteristic of holes wall trepanning by pico-second laser in super-alloy[J]. 稀有金属材料与工程,2013,42(增刊2):128-131.

[23] 孙瑞峰,张晓兵,曹文斌,等. Ni3Al 基定向凝固高温合金皮秒脉冲激光打孔研究[J]. 光学学报,2013,33(s1):222-226.

[24] 孙瑞峰,张晓兵,曹文斌,等. 带热障涂层镍基单晶高温合金的激光加工小孔研究[J]. 稀有金属材料与工程,2014,43(5):1193-1198.

[25] 纪亮,张晓兵,张伟,等. DD6 镍基单晶合金的纳秒及皮秒激光烧蚀和制孔研究[J]. 应用激光,2014,34(6):551-556.

[26] 蔡敏,张晓兵,张伟,等. SiC/SiC 复合材料纳秒激光和皮秒激光加工小孔质量的对比研究[J]. 航空制造技术,2016,514(19):52-55.

第5章 激光加工小孔防护与后续处理

5.1 激光加工小孔防护技术

本书激光加工小孔防护技术主要涉及防飞溅物黏附技术及防对面壁损伤技术。防飞溅物黏附技术是指在加工小孔过程中避免产生的熔融飞溅物冷却凝固后黏附在零件表面;防对面壁损伤技术是指激光穿透材料后,避免无遮挡的激光烧蚀损伤零件加工小孔部位的对面壁。

5.1.1 激光加工小孔防飞溅物黏附

激光加工小孔尤其是毫秒脉冲宽度激光加工小孔,材料在极短的时间及很小的空间内迅速熔化并部分蒸发,导致孔内的大部分熔化物在迅速膨胀的气化物作用下,以飞溅物的形式喷射出去(图5-1(a)),表现为加工小孔过程的火花四溅。材料表面如果不采取防护措施,加工小孔过程中产生的部分飞溅物会溅落于孔口及孔口周边表面。如果孔出口对面为零件其他部位(图5-1(b)),还会造成飞溅物溅落于这些部位的表面,严重的,飞溅物会在孔出、入口形成毛刺,在孔周边及工件其他部位表面黏附牢固而不易去除,不但影响工件性能、表面质量而且极不雅观,尤其是在制备热障涂层的工件表面,如图5-2所示。

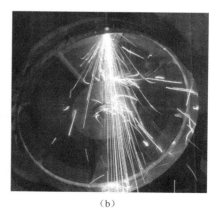

(a)   (b)

图5-1 激光加工小孔产生的熔化物飞溅情况

由图5-2可见,金属飞溅物呈发散状覆盖于孔周边。为了解决激光加工小孔导致的孔入口毛刺及其周边的飞溅物黏附污染问题,目前采取的主要技术途径是

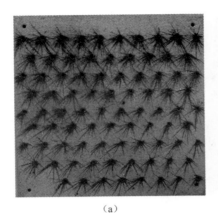
（a）

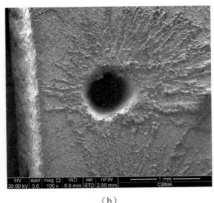
（b）

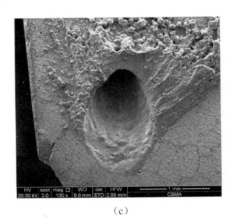
（c）

图 5-2　激光在表面制备热障涂层高温合金上加工小孔导致的飞溅物黏附情况

（a）密集群孔表面飞溅状况；（b）直孔孔口飞溅形貌扫描电镜照片；（c）斜孔孔口飞溅形貌扫描电镜照片。

在工件表面涂敷一层与激光作用易挥发的涂料。

目前已公开的防飞溅涂料主要包括以下几种。

例如，英国专利（专利号 GB-A-2349106）公开了在激光加工小孔的工件表面涂敷一层可防止飞溅物在工件表面凝结的涂层材料，该涂层材料含有分散于聚合物基质内的颗粒物，颗粒物可以是碳化硅，聚合物基质包括高模量的聚硅酮密封剂。图 5-3 所示为在陶瓷材料上涂敷该专利所述防飞溅涂料后加工小孔的效果[1]。

美国一项专利公开了在激光加工时防飞溅物黏附的涂层材料，该涂层材料基料是可碳化聚合物，主要是液态预聚物前驱体，包括热固性聚合物前驱体，如聚酰亚胺、聚碳酸酯、聚丙烯酰胺或环氧树脂。

还有一种商品化的防飞溅涂料类似黑漆，由石墨粉和碳酸钠或碳酸钾混合而成，由于对激光的吸收率高，不但改善了小孔的入口毛刺状况，而且孔周边飞溅物黏附少得多。

190

聚乙烯醇作为涂敷材料也具有防飞溅效果。实际验证结果表明,尽管涂敷于热障涂层表面,激光加工小孔后仍残留表面飞溅物,但飞溅物黏附污染程度已显著减少。聚乙烯醇是以液态均匀涂抹在热障涂层表面后凝结为一层固态薄膜,薄膜具有溶于水的特点,而且挥发温度低,因此,加工小孔完成后残留于表面的薄膜很容易被去除。

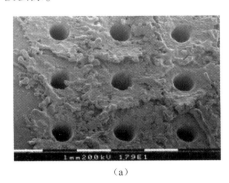
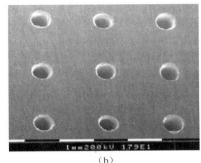

(a) (b)

图 5-3　在工件表面未涂敷防飞溅涂料与涂敷涂料激光加工小孔效果的对比
(a)未涂敷涂料;(b)涂敷涂料。

毫秒脉冲激光加工较大深径比小孔,热影响较大,材料去除以熔化为主。为了提高加工小孔质量,需要同轴辅助吹较大压力的辅助气体,尤其是高温合金加工小孔,需要采用氧气,加工小孔方式主要采用旋切加工,因此,防飞溅涂层材料需要提高在受防护工件表面的附着力,并且应具有阻燃性,避免涂料在加工区域脱落、燃烧,导致防护失效。

图 5-4 所示为一种附着力强、具有阻燃性,更适应于旋切激光加工小孔的国产化防飞溅涂料的实物照片。

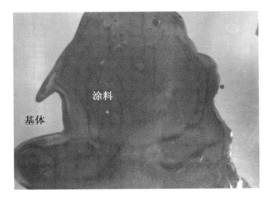

图 5-4　防飞溅涂料实物照片

该防飞溅材料实施效果如图 5-5 所示,为毫秒脉冲激光在带热障涂层高温合金上加工小孔的照片。

图 5-5(a)所示为未带防飞溅涂料的毫秒激光加工直孔和 45°斜孔试样,可以看出毫秒激光加工小孔周围均有大量黑色飞溅物附着在表面。图 5-5(b)所示为带防飞溅涂料的毫秒激光加工直孔和 45°斜孔试样,可以看到孔周围的防飞溅涂料有一定程度的脱落。图 5-5(c)所示为试样完全去除防飞溅涂料的照片,可以看到毫秒激光加工小孔周围白色的热障涂层上未见黑色飞溅物。

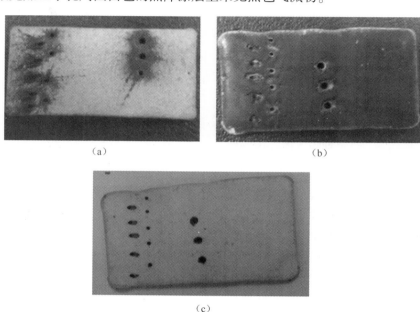

（a）　　　　　　　　　　　　　　　　（b）

（c）

图 5-5　毫秒激光加工小孔的带热障涂层试样的照片

(a) 未带防飞溅涂料的加工小孔试样;(b) 带防飞溅涂料的加工小孔试样;(c) 防飞溅涂料加温处理去除后试样。

显微观察结果进一步证实涂敷防飞溅材料的有效性,以加工 45°斜孔为例,见图 5-6。

由图可见利用毫秒激光加工斜孔后,未涂敷防飞溅涂料的孔入口周围有熔化重铸物附着在表面,且斜孔上部分分布较多,下半部分聚集较少,且呈扇形分布在斜孔周围,见图 5-6(a)、(b);而带有防飞溅涂料的热障涂层试样上加工 45°斜孔,见图 5-6(c)、(d),孔边缘未见熔化飞溅物,与原始试样涂层表面形貌没有明显变化。

图 5-7 所示为涂敷防飞溅涂料与未涂敷防飞溅涂料的带热障涂层发动机燃烧室环状零件毫秒激光旋切加工小孔的效果对比照片。

图 5-7(a)所示为带热障涂层的燃烧室零件,方框部分未涂敷防飞溅涂料,图 5-7(b)所示为涂敷防飞溅涂料孔口形貌,图 5-7(c)所示为无涂料孔口形貌。结果显示,涂敷防飞溅涂料的部位孔边缘无明显的飞溅物,未涂敷防飞溅涂料的部位孔边缘有大量黑色的熔化物附着。

孔穿透后,如果对面壁距孔出口距离足够远,激光散焦后尚不足以烧蚀损伤对

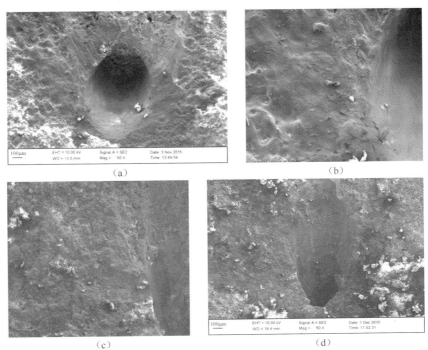

图 5-6　防飞溅涂料在热障涂层试样上加工 45°斜孔实施效果显微照片

（a）带有防飞溅涂料热障涂层试样入口；(b) 带有防飞溅涂料热障涂层试样局部放大；

（c）无防飞溅涂料热障涂层试样入口；(d) 无防飞溅涂料热障涂层试样局部放大。

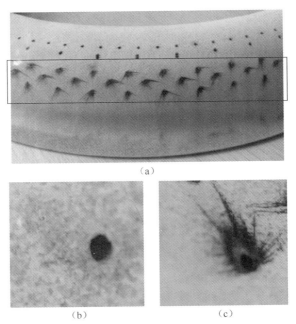

图 5-7　带热障涂层燃烧室零件激光加工小孔防飞溅涂料效果对比试验结果照片

面壁材料表面,则仅需要考虑孔出口对面壁的飞溅物防护。技术措施包括采用在对面壁贴敷 0.1mm 以上厚度的铝箔胶带,这样加工小孔过程产生的飞溅物黏附于铝箔表面,加工完成后揭掉铝箔即可。

如果孔出口距工件其他部位较近,激光散焦后仍足以在材料表面熔化性烧蚀甚至形成浅坑,则不仅仅是防止飞溅物黏附,必须考虑采取防对面壁击伤措施。

5.1.2　激光加工小孔防对面壁损伤

该技术对于具有较小尺寸内腔结构或者称为空腔结构的零件,如叶片、喷油嘴等的激光加工小孔尤其重要,小孔被激光穿透后。由于对面壁距焦点较近,激光束能量密度在对面壁区域并未降低到材料损伤阈值以下,如果激光未得到有效遮挡或衰减,极易造成零件对面壁烧蚀,见图 5-8。激光加工小孔损伤内腔对面壁的叶片剖面照片见图 5-9。

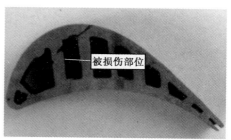

图 5-8　激光穿透成孔后损伤叶片内腔对面壁示意图

图 5-9　激光穿透成孔后损伤内腔对面壁的叶片解剖照片

解决途径是在零件内腔充填或插入防护材料避免激光直接作用于内腔对面壁,该防护材料具有在一定时间内避免激光击穿的特点,显然,时间越长,防护效果越好。

针对毫秒激光加工小孔,目前较成熟的防护材料是聚四氟乙烯,已在工程中应用。聚四氟乙烯对毫秒脉冲宽度的近红外波段激光可以形成有效的散射作用,防护效果要比铜、铝等金属材料好得多,但插入上述固态防护材料的局限性在于空腔应具有敞开性且尺寸相对较大。

除了聚四氟乙烯,专利 CN104827194A 公开了一种涡轮叶片激光加工小孔的内腔对面壁防护方法,主要采用二氧化硅颗粒与水混合制成糊状物,并将糊状物通过涡轮叶片顶端的排气孔灌入叶片流道。由于二氧化硅颗粒对激光有散射、反射以及衍射作用,使得辐照在对面壁的激光光斑变大,能量减小,从而减弱或消除激光对对面壁的损伤,但该方法较适合于毫秒激光冲击式加工小孔,孔加工完后,用一定压力流水通过涡轮叶片顶端的孔将流道内的二氧化硅颗粒冲出。

专利 EP2976178A1 也公开了一种防激光加工小孔击伤对面壁的防护材料及其送进装置,见图 5-10。

194

防护材料为一种膏状保护剂,包括陶瓷颗粒和有机增稠剂。陶瓷颗粒主要成分为分散剂,即多聚磷酸钠与一种或多种陶瓷填充材料的组合,为 $CaCO_3$、100%结晶的精细研磨的白云母、ZrO_2 和/或 TiO_2,增稠剂为聚氧化乙烯(PEO)。该防护材料应用特点是需要随时输送补充,应用场合主要针对汽车发动机燃油喷嘴小孔皮秒或飞秒激光高精度加工。

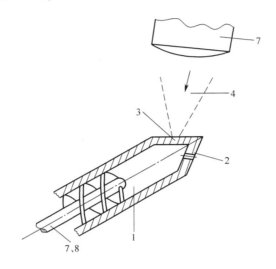

图 5-10 燃油喷嘴小孔防激光损伤对面壁防护材料及送进装置专利示意图
1—防护材料;2、3—燃油喷嘴上激光加工的小孔;4—激光束;
7、8—防护材料的送给、补充的机械推进装置。

图 5-11 所示为本书介绍的防激光击伤试验验证采用的适用于超快激光加工小孔的防击伤材料固化后的照片。

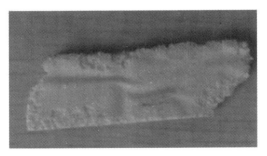

图 5-11 超快激光加工小孔防击伤材料照片

图 5-12 所示为在涡轮工作叶片及导向叶片上超快激光加工小孔内腔无防护材料与填入防护材料的对比。

图 5-12(a)、(b)中工作叶片内腔的间隙约 1.5mm,考虑角度效应,激光由孔出口至对面壁距离不到 2mm。由图 5-12(a)可见,如未填入防护材料,皮秒激光加

工小孔甚至会将对面壁击穿,而图 5-12(b)由于采用了防护材料,对面壁无任何烧蚀损伤痕迹。图 5-12(c)、(d)所示的双层壁导向叶片内腔间隙仅为 0.6mm,由于间隙更小,防护难度更大。同样,在采用了防护材料后,图 5-12(c)所示为孔对对面壁无任何损伤,图 5-12(d)所示为未采用防护材料,对面壁被击伤。

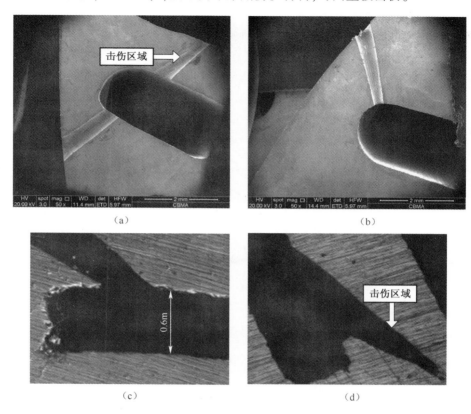

图 5-12　导向叶片填充防护材料与不填充防护材料超快激光加工小孔效果
（a）未填充防护材料；（b）填充防护材料；（c）填充防护材料叶片加工小孔；
（d）未填充防护材料叶片加工小孔。

5.2　激光加工小孔后续处理

激光加工小孔尤其是毫秒长脉冲激光加工小孔,由于激光与材料作用较大的热效应,存在孔壁再铸层、孔口毛刺、孔口周边表面飞溅物沉积等,孔壁粗糙度较差。针对以上热致缺陷或不足,可以采用后续处理的方法以提高孔的质量,如可以采用油石黏润滑油手工打磨去除孔口毛刺及飞溅物。本节主要介绍磨粒流、化学研磨、湿喷砂 3 种典型的后续处理小孔方法的基本原理以及改善孔壁及孔口质量的验证效果。

5.2.1 磨粒流后续加工

磨粒流加工的基本原理是掺杂磨料的、具有黏弹性、柔软性及切削性的半固态磨粒流介质,在高压作用下,通过对需要加工零件部位的表面进行循环往复的挤压、磨削,以达到去除表面材料的目的。

图5-13所示为磨粒流加工设备结构及加工原理示意图。

磨粒流加工设备除了图5-13所示的上、下介质缸外,还包括推动磨粒流介质在介质缸中往复流动的液压缸及其活塞以及夹紧、运动驱动的电气及其控制等部件构成。

图5-14展示了磨粒流工作的原理。磨粒流介质,又称磨料,放置在介质缸中由液压缸驱动活塞推动上、下流动,在压力作用下到达工件表面,实现工件表面研磨、去毛刺、倒角和抛光等目的,根据磨料特性及加工要求,压力可以调节,通常压力调节范围为1~7MPa。

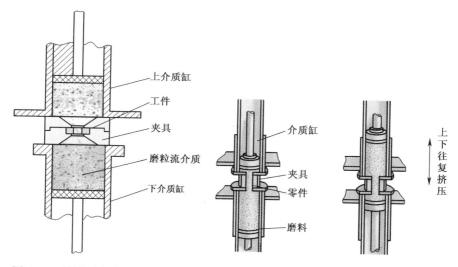

图5-13 磨粒流设备结构的示意图   图5-14 磨粒流加工原理及加工方式示意图

磨粒流加工的效果不但取决于加工工艺参数(工艺参数主要包括挤压压力、挤压研磨的循环次数),夹具及磨料也较关键。

夹具主要用来定位和夹持待加工零件,放置在机床中部。夹具必须根据零件的形状、加工要求设计,要能使磨料顺利到达零件,引导磨料进入要加工的通道。有些零件的磨粒流加工不需要夹具辅助,如模具等。大批量零件生产所用的夹具,要易于装卸和清洗,尤其是叶片等具有复杂内腔结构的零件。

磨料磨粒流介质是由富有黏弹性的具有流变性能的半固态载体作为基体与作为掺入物质的磨粒均匀混合而成。最常用的磨粒是SiC,根据被加工材料,也有选择Al_2O_3等作为硬质颗粒。典型磨料的实物照片如图5-15所示。

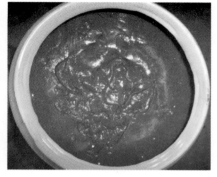

（a）　　　　　　　　　　　　　　（b）

图 5-15　不同配比的磨料照片

　　磨粒的大小通常为 36～400 目,调节基体成分以及磨粒的混入量可获得不同黏度、流变性能和切削能力的磨料,磨料黏度、流变性能和切削能力的选择取决于加工零件部位和材质。

　　由于磨粒流后续处理的激光加工小孔的孔径较小,通常为 0.25～0.6mm,为了提高流动性并避免磨料堵塞小孔,同时兼顾磨削去除效果,通常选用目数适中的 SiC 磨粒及低黏度的基体。

　　磨粒流后续处理小孔的典型工艺参数:加工压力为 7MPa,循环次数为 2 次;磨粒目数为 240 目。

　　磨粒流后续加工小孔的主要效果如下:

　　① 可以去除小孔内壁附着物,部分去除或完全去除再铸层,提高孔壁表面粗糙度。

　　② 在孔壁表面产生压应力;去除孔口毛刺等;对孔出、入口倒圆,消除了尖边,从而减小了孔口的应力集中。

　　下面为磨粒流后续处理加工毫秒激光旋切加工小孔的结果。图 5-16 所示为磨粒流后续处理小孔的效果照片。由图可见,磨粒流加工明显提高了孔壁表面粗糙度,扩大了孔径,而且出口边缘有倒圆效果。

　　表 5-1 所列为磨粒流后续处理激光在试样上加工小孔前、后小孔孔壁再铸层最大厚度的对比。

　　表 5-2 所列为在叶片上加工小孔并进行解剖、检测磨粒流处理后小孔孔壁的再铸层厚度。

　　由表可见部分孔已不存在再铸层,有的孔残余的再铸层仅在孔壁小范围内或局部存在,大多数残余小孔的再铸层最大厚度小于 20 μm,小部分最大厚度小于 30 μm。

　　磨粒流后续处理加工的小孔典型形貌见图 5-17～图 5-20。

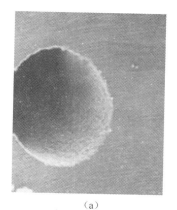 

（a）　　　　　　　　　　　（b）

图 5-16　磨粒流加工小孔前后效果对比

（a）加工前小孔孔口；（b）加工后小孔孔口。

表 5-1　磨粒流后续处理前、后小孔孔壁再铸层最大厚度的对比

孔号	磨粒流处理后孔壁横截面再铸层最大厚度/μm	磨粒流处理前孔壁横截面再铸层最大厚度/μm
1	12	31
2	5	44
3	6	37
孔号	磨粒流处理后孔壁纵截面再铸层最大厚度/μm	磨粒流处理前孔壁纵截面再铸层最大厚度/μm
1	13	35
2	4	31
3	5	41

表 5-2　磨粒流处理小孔一致性的金相分析结果

孔号	磨粒流处理后孔壁横截面再铸层最大厚度/μm	磨粒流处理前孔壁纵截面再铸层最大厚度/μm
1	6	24
2	13	13
3	6	28
4	27	10
5	无	7
6	无	22
7	无	16
8	无	19
9	无	13

图 5-17　磨粒流加工后小孔纵截面扫描电镜照片

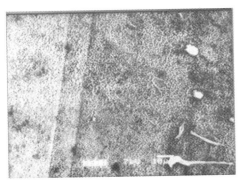

图 5-18　磨粒流加工后孔壁表面扫描电镜照片

　　图 5-17 所示为孔壁纵截面局部扫描电镜照片,可见孔壁非常光滑,已无再铸层;图 5-18 所示为孔壁表面局部放大照片,已没有激光旋切加工小孔孔壁明显的龟裂现象。

　　图 5-19 所示为小孔横截面扫描电镜照片。由图 5-19(a)可见,局部仍存在未去除再铸层,而图 5-19(b)显示孔壁已完全没有再铸层,该结果说明磨粒流去除再铸层的均匀性仍需要提高。图 5-20 所示为磨粒流处理前后孔纵截面形貌的对比,可见再铸层已基本被去除。

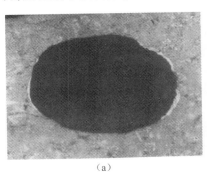

(a)

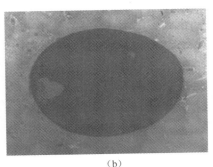

(b)

图 5-19　磨粒流处理小孔横截面金相照片

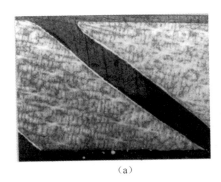

（a） （b）

图 5-20　磨粒流处理前后孔纵截面金相照片

很明显,磨粒流后续处理激光加工小孔,在确保一定去除量的前提下,小孔再铸层厚度明显减薄,部分孔甚至几乎全部被去除。

但如果磨粒流后续处理激光加工小孔的目标在于去除孔壁再铸层,存在的不足也很明显,主要有以下几点。

① 与仅仅抛光、去毛刺、倒圆等后续处理要求相比,需要更大的去除量,效率较低。

② 如果小孔孔径不均匀,尤其是叶片上的气膜冷却孔,由于孔径均匀性差,且分布于叶片的位置、倾角各异,导致磨粒流去除的均匀性无法保证,因此,去除再铸层效果的一致性难以保证。

③ 磨粒流倒圆效果也不一致。

较好的倒圆效果见图 5-21,小孔的出、入口具有明显的圆角。但是图 5-20(b)表明,磨粒流后续加工反而导致小孔入口产生明显的尖边。

图 5-21　磨粒流加工小孔的出、入口倒圆效果较好的照片

总体而言,磨粒流后续处理有效地提高了激光加工小孔的质量,也减小了其对材料疲劳性能的影响,详见第 6 章。

5.2.2　化学研磨处理

化学研磨法主要用于去除小孔孔壁再铸层,该方法仅适用于导电的金属材料,基本原理如下。

激光加工小孔后的特定金属材料试件或零件置于专门配置的电解液介质(或称为化学研磨介质)中,由于基体材料(基材)和再铸层之间存在电位差,即再铸层的电位低于基材的电位。在这种情况下,再铸层与基材形成原电池,作为阳极的再铸层受到电解液介质的腐蚀而被溶解掉,而基材不被破坏。实际上,由该方法的作用原理,定义为电化学腐蚀方法更为合理。本书将该方法定义为化学研磨,主要是区别于机械研磨的方法,如磨粒流去除小孔孔壁再铸层的方法。

基材和再铸层之间之所以存在电位差,主要在于激光快速熔凝基材后产生再铸层的物相发生了变化,使得再铸层与基材在自然腐蚀电位和自钝化上产生差异。一般而言,电位差越大,电位低作为阳极的再铸层受化学研磨的趋势更大,基材自钝化性越大,则基材在化学研磨处理时被腐蚀的可能性越小。

化学研磨具体的过程是将工件上具有激光加工小孔的部位,浸入专门配制的电解溶液内,溶液通常置于作超声振动的容器中,使其具有较好的流动性,而且溶液需加温至规定温度范围。工件浸泡一定时间后,孔壁再铸层将被去除。

由此可见,化学研磨去除激光加工小孔产生再铸层的关键是针对不同材料的特点,配制电解液介质,使之满足再铸层与基材的电位差要求,而且通过试验确定优化的处理条件和工艺,从而仅让再铸层发生腐蚀而基体处于自钝化保护状态。

下面介绍在 DD6 单晶高温合金材料上激光加工小孔化学研磨处理的实施结果[2-3]。

图 5-22 所示为依据腐蚀失重试验数据绘制的研磨失重曲线。腐蚀失重试验的方法是在单位时间间隔内取出试样经过超声清洗吹干后进行称重,然后计算出单位面积的失重量。

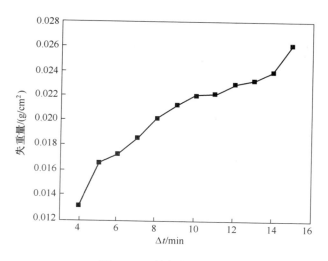

图 5-22　研磨失重曲线

由图 5-22 可以看出,在第 10 和第 11 个 Δt 时间内,质量的变化接近于直线,在第 12 个 Δt 时间内,试样的失重又开始发生较大的变化。对以上各个时间间隔的试样进行解剖分析,发现在第 10 个 Δt 时间以前,试样质量的变化是由于再铸层发生溶解造成的,而在第 11 个 Δt 时间之后,试样的基体材料开始发生腐蚀。因此,实际进行研磨处理时,需要将时间控制在 $11\Delta t$ 时间内,这样才能保证仅去除孔壁再铸层而不对基材造成腐蚀。

优化工艺后,研磨处理小孔的验证结果如下。

验证试样的激光加工小孔参数:25Hz,0.55ms,3J,图 5-23~图 5-26 所示为采用旋切吹氧加工单孔试样的分析结果,小孔为直孔或斜孔。

图 5-23 所示为没有进行化学研磨处理孔口的形貌,图 5-24 所示为孔口边缘显微观察得到的再铸层形貌。

图 5-25 与图 5-26 所示分别为经过化学研磨处理后孔口形貌的低倍照片与孔口边缘局部放大的形貌。从图中可以看出,孔形变得更加光滑圆整,孔口边缘也比较光滑,不存在再铸层。

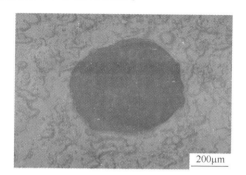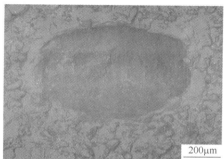

图 5-23 直孔与斜孔孔口的低倍形貌

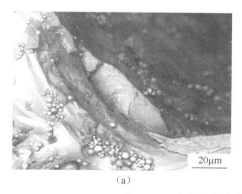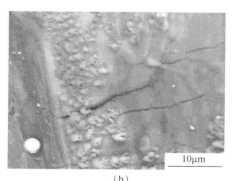

(a)   (b)

图 5-24 直孔与斜孔的孔口边缘再铸层形貌

(a) 直孔;(b) 斜孔。

由图可见,化学研磨可以有效去除 DD6 单晶高温合金激光加工小孔孔壁再铸层,而且在处理过程中存在一个时间间隔。在此间隔内,再铸层刚好被去掉,而基材不会被腐蚀,但在该时间间隔之后,基材将被腐蚀,因此,控制好研磨处理时间非常重要。

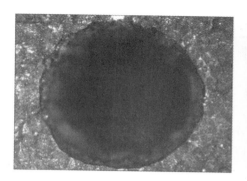

图5-25　直孔化学研磨处理后的孔口形貌与孔口边缘形貌

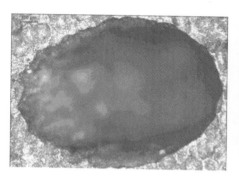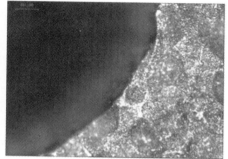

图5-26　斜孔化学研磨处理后的孔口形貌与孔口边缘形貌

图5-27～图5-29所示为在多孔试样上完成的化学研磨处理的验证结果。图5-27所示为旋切吹氧加工多孔试样化学研磨处理时间较短的状况,有的孔孔壁已完全不存在再铸层(图5-27(a)),但部分小孔孔壁仍局部残留再铸层(图5-27(b))。

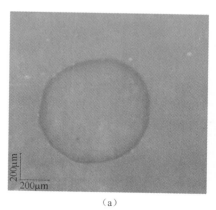

（a）

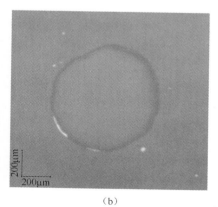

（b）

图5-27　旋切加工小孔经较短时间化学研磨处理结果

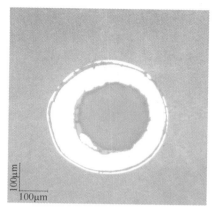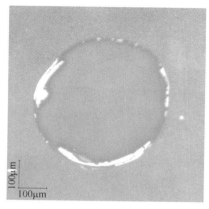

图 5-28 冲击加工小孔化学研磨处理前后再铸层状况的对比

图 5-28 所示为冲击加工小孔未处理与处理后再铸层状况的对比,处理时间与图 5-27 所示旋切加工小孔的处理时间相同。由于冲击加工小孔的再铸层厚度要明显厚于旋切加工,化学研磨处理后大部分孔的再铸层均局部残留,需要延长处理时间,又可能导致基体的腐蚀破坏。因此,激光冲击加工小孔,采用化学研磨处理去除再铸层的难度相应增大。

延长并控制化学研磨处理时间,可以实现旋切加工小孔的多孔试样上所有孔的孔壁再铸层得到完全去除,如图 5-29 所示。

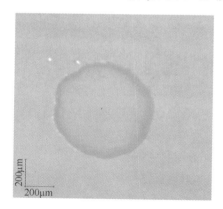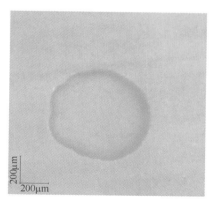

图 5-29 旋切加工小孔经较长时间化学研磨处理结果

图 5-30 所示为叶片上激光加工小孔经化学研磨处理的工艺验证结果,叶片铸造材料为定向凝固高温合金。

由于叶片上孔分布区域及角度各异,去除再铸层的一致性仍不理想,如图 5-30(a)所示,孔壁已几乎无再铸层,图 5-30(b)、(c)所示的孔再铸层仍局部存在。图 5-30(d)显示,未能浸入化学溶液小孔部分的孔壁再铸层完全未能得到去除。

化学研磨处理小孔与未处理小孔试样热冲击试验表明,经化学研磨处理小孔的热疲劳性能得到改善,详见第 6 章。

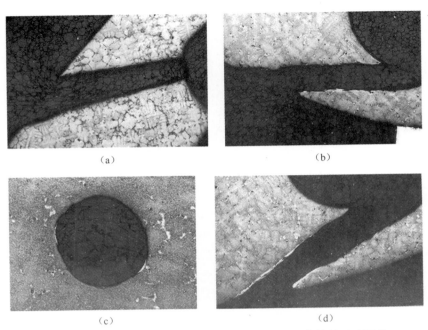

（a）   （b）

（c）   （d）

图 5-30　激光在叶片上加工小孔经化学研磨处理的效果对比照片

5.2.3　湿喷砂处理

　　喷砂处理是利用高速砂流的冲击作用处理工件表面的过程。通常采用压缩空气为载体,将砂料(砂料可以是石英砂、金刚砂等)高速喷射到需要处理的工件表面,见图 5-31。由于砂料对工件表面的冲击和切削作用,工件表面可以得到有效的清洁,获得不同的表面粗糙度,相应工件表面的力学性能、抗疲劳性能等得到改善。

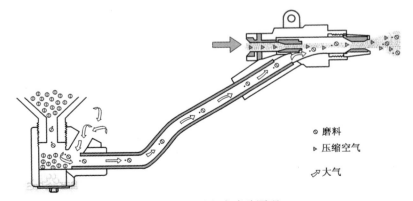

◦ 磨料
▷ 压缩空气
♪ 大气

图 5-31　吸入式喷砂原理

　　喷砂又分为干喷砂和湿喷砂。湿喷砂与通常喷砂或者说干喷砂的不同之处在于一般将水与砂料混合作为工作介质。激光加工小孔的喷砂处理通常采用湿喷砂。湿喷砂处理的典型设备如图 5-32 所示。

图 5-32　液体喷砂机

液体喷砂机是以磨液泵作为动力,通过磨液泵将搅拌均匀的磨料(磨料和水的混合液)输送到喷枪内。压缩空气作为磨液的加速动力,通过输气管进入喷枪,在喷枪内,压缩空气对进入喷枪的磨液加速,并经喷嘴喷射到被加工工件表面。

喷砂处理的典型应用如下。

① 工件涂镀、工件粘接前喷砂处理清除工件表面的锈蚀层等,使工件表面形成毛面,而且可以通过选用不同粒度的砂料达到不同程度的表面粗糙度,大大提高了工件与涂料、镀料的结合力。

② 清理铸锻件、热处理后工件表面的氧化皮、油污等,提高工件表面的表面粗糙度,使之呈现均匀一致的金属本色,工件外表更美观。

③ 清除工件表面的微小毛刺,使工件表面更加平整,消除毛刺的危害,并且在工件表面交界处产生细微的圆角。

④ 机械零件经喷砂处理后,能在零件表面产生均匀、细微的凹凸面,涂抹润滑油后,可以改善润滑条件,从而减少噪声并提高使用寿命。

而采用湿喷砂处理激光加工小孔孔口的主要目的是去除孔口的毛刺及孔口内壁区域加工小孔过程沉积的重凝物,该重凝物与金属基体结合不紧密,经过湿喷砂清除后孔壁粗糙度可以得到明显提高。

喷砂处理效果的好坏与采用的工艺参数直接相关,可调节的参数如下:

① 压缩空气的压力大小;

② 砂料的类型;

③ 喷枪离零件的距离和角度;

④ 喷射处理时间。

需要强调的是砂料类型对结果的影响。

砂料按颗粒形状一般分为球形、菱形两类,喷砂采用的金刚砂、刚玉砂料通常为菱形,而陶瓷类、玻璃珠砂料为球形。球形砂料喷砂得到的表面较光滑,菱形砂料得到的表面则相对较粗糙,砂料粒度越小,得到的表面越光滑。

因此,对于激光加工小孔的湿喷砂处理,适宜选用球形磨料,优化的工艺参数范围如下:

① 喷枪出口压力为 0.2~0.3MPa;

② 砂料颗粒为 150 目 SiC 球形颗粒;

③ 喷枪距零件 50~100mm,针对孔倾角的不同而调整相应的处理角度,使之尽量与孔同轴;

④ 根据孔表面质量状况决定喷砂处理时间,大致在喷枪喷射磨料覆盖的范围内作用 1~2min 即可。

图 5-33 所示为湿喷砂处理后激光加工异型孔入口形貌及表面状况的对比。很明显,孔口飞溅物以及重凝物沉积得到有效去除,异型孔内部表面更平整,边缘轮廓质量以及孔壁表面粗糙度显著改善。

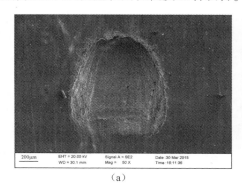 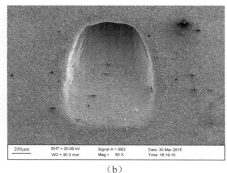

(a)   (b)

图 5-33 湿喷砂处理前后激光加工异型孔入口形貌对比
(a) 喷砂前;(b) 喷砂后。

图 5-34 所示为涡轴发动机燃烧室零件激光加工群孔未后续处理与经湿喷砂处理后表面状况的对比。如图 5-34(a) 所示,孔口及其周边沉积或黏附明显的黑色飞溅物,经湿喷砂处理后,该燃烧室零件表面明显洁净,表面飞溅物已得到去除。

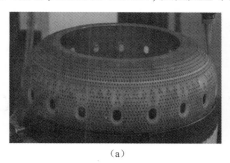 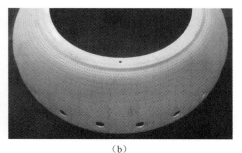

(a)   (b)

图 5-34 湿喷砂处理前后激光加工密集小孔的燃烧室零件表面状况对比
(a) 喷砂前;(b) 喷砂后。

参 考 文 献

［1］ Low D K Y, Li L, Byrd P J. Spatter prevention during the laser drilling of selected aerospace materials［J］. Journal of Materials Processing Technology,2003(139):71-76.

［2］ 郭文渊,王茂才,张晓兵,等. 镍基超合金激光打孔再铸层及其控制研究进展［J］. 激光杂志,2003,24(4):1-3.

［3］ 陈长军,王茂才,张晓兵,等. 镍基超级合金再铸层化学研磨去除的试验研究［J］. 燃气涡轮试验与研究, 2004, 17(3):44-50.

第6章　激光加工小孔力学性能评估试验

如1.5.2节所述,激光加工小孔性能评估的一个重要方面是考察小孔可能造成与零件使用寿命密切相关的力学性能的影响,包括疲劳性能、蠕变性能、热冲击性能、持久强度等。例如,在航空发动机热端部件上气膜冷却孔的存在破坏了零件结构的几何完整性,对零件的强度和寿命会造成不利的影响,而且激光加工小孔会引起小孔孔壁表面层微观几何特征、组织、力学性能等的改变,严重的,长脉冲激光加工小孔工艺会导致孔壁存在较厚的再铸层,有的甚至会产生微裂纹,在发动机工作时复杂的热力作用下,在涡轮叶片气膜冷却小孔周围的叶片材料处于多轴高应力状态,使得小孔极易成为裂纹形核区。另外,气膜孔孔径大多数为亚毫米尺度,而且在热端部件上密布排列,各小孔之间存在复杂的应力干涉。在零件服役过程中,由于疲劳蠕变交互作用,导致变形和应力的重分配,进而导致小孔变形甚至损伤,破坏零件本身。

由本书第2~5章可知,毫秒、纳秒长脉冲激光与皮秒、飞秒超快激光加工小孔的机理、机制差异巨大,选择不同的加工工艺加工小孔的质量也明显不同;激光加工小孔后还可以采用磨粒流、化学研磨等后续处理方法进一步提高加工小孔的质量。除了激光加工小孔,目前常用的特种加工小孔方法还包括电火花加工和电液束加工,如1.2.1节所述,不同方法加工小孔的性能、特点及质量也不尽相同。

本章主要针对航空发动机叶片等高温合金材料,重点介绍不同激光加工小孔工艺加工的小孔对高温合金材料试样的疲劳性能、蠕变性能、热冲击性能等影响的试验验证结果,部分试验与电加工小孔,包括电火花及电液束加工进行了对比。试验方法及参数根据发动机热端部件工作的受载、工作环境等特点选用,主要采用带小孔的薄壁平板标准试样完成。

6.1　毫秒激光加工小孔试样力学性能分析

6.1.1　毫秒激光不同制孔工艺加工小孔试样高周疲劳性能分析

主要比较了不同毫秒脉冲宽度激光旋切加工小孔、冲击加工小孔对高温合金高周疲劳性能的影响[1]。

疲劳试验的结果见图6-1和图6-2,分别为室温及高温条件下不同参数及工艺加工小孔试样疲劳性能的比较。试样材料为定向凝固的 DZ22 高温合金,试验参数如下。

室温疲劳试验温度为 20℃,高温疲劳试验的温度为 720℃,应力比为 0.1,频率为 80Hz。

图中的 A 组在激光旋切加工小孔的基础上进行了磨粒流后续处理加工,V、X、Y、S、T 组为脉冲 YAG 激光旋切吹氧加工小孔,脉冲宽度分别为 0.15ms、0.3ms、0.8ms、1.0ms、1.2ms;N 组为钕玻璃脉冲激光冲击加工小孔,H 组为调制钕玻璃脉冲激光冲击加工小孔。

其中钕玻璃脉冲激光的脉冲宽度为 1ms 左右,由于钕玻璃激光脉冲频率低,低于 1Hz,因此,仅适用于冲击加工小孔。而调制钕玻璃激光是通过机械调 Q 技术实现钕玻璃毫秒脉冲激光以多个更窄脉冲宽度的脉冲串输出,脉冲波形见第 7 章图 7-9。

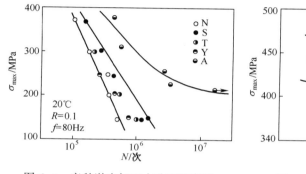

图 6-1　毫秒激光加工小孔室温高周
疲劳试验结果

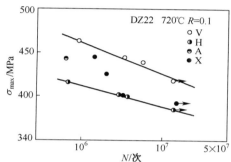

图 6-2　毫秒激光加工小孔高温
高周疲劳试验结果

由图 6-1 可见,磨粒流加工小孔试样的室温高周疲劳强度最高,钕玻璃脉冲激光冲击加工小孔的最低,0.8ms、1.0ms、1.2ms 脉冲宽度激光旋切加工小孔试样的疲劳性能差别不大,脉冲宽度窄,疲劳寿命稍高,疲劳强度处于磨粒流加工与冲击加工小孔二者之间。

由图 6-2 所示的高温、高周疲劳试验结果可见,与其他方式或参数的激光加工小孔相比,低能量、窄脉宽(0.15ms)、高频激光加工小孔试样(V 组)的疲劳性能最好,疲劳强度为 420MPa,已接近光滑试样的疲劳强度(500MPa),且从断口分析发现,疲劳断裂源主要形成于孔边铸造缺陷处,有的甚至在非孔区形成。而同组采取钕玻璃调制脉冲激光冲击加工小孔以及较大能量及脉宽(0.3ms)的旋切加工小孔工艺加工的试样,疲劳断裂仍然起源于孔壁再铸层上微裂纹。

总体比较,脉冲 YAG 激光旋切加工,激光脉宽越宽,疲劳寿命越短;高温试验条件下,疲劳强度会得到明显提高。结果分析认为,工艺优化后(主要采用小能量、高频、更窄脉冲宽度毫秒激光高压吹氧旋切加工小孔,见第 4 章 4.1 节),孔壁上交织成网状的裂纹不易扩展而且 720℃时合金的交滑移倾向增强,韧性提高,再铸层上微裂纹尖端钝化,残余应力得到弛豫,因此使微裂纹,尤其是激光旋切加工小孔形成的微细裂纹造成的有害影响得到极大减弱。

图 6-3 所示的另一组高温疲劳试验结果表明,疲劳试样小孔经过磨粒流后续处理以及孔口机械倒圆处理后寿命最高,未经过工艺优化的 YAG 激光旋切加工小孔甚至低于调制钕玻璃激光冲击加工小孔,但高于未调制的钕玻璃激光冲击加工小孔。

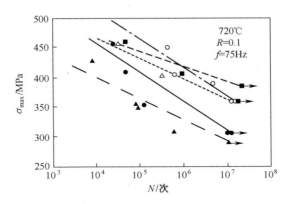

图 6-3　不同激光加工小孔方法加工试样的 S-N 曲线
▲—钕玻璃激光未调制;△—钕玻璃激光调制;
○—YAG 激光+AFM;■—YAG 激光+倒圆;△—YAG 激光。

图 6-4 和图 6-5 所示为疲劳试验后,试样上小孔裂纹扩展情况的照片,很明显疲劳裂纹从孔边萌生并向基体扩展。

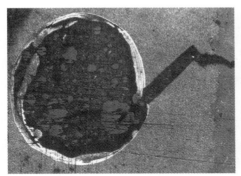 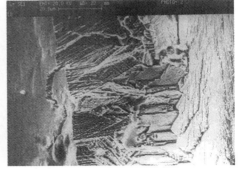

图 6-4　调制钕玻璃激光加工小孔的金相照片　图 6-5　微裂纹扩展断裂区剖面扫描电镜照片

基于毫秒激光加工小孔试样高周疲劳试验结果及其断口分析,结合第 4 章、第 5 章的工艺研究成果可以得出以下结论。

① 再铸层及其上微裂纹、残余的热应力及再铸层柱状晶的不利取向都将加速疲劳裂纹的形成与扩展,降低材料的疲劳性能。一般情况是再铸层越厚,微裂纹状况越严重,导致疲劳寿命越低。

② 不同的毫秒脉冲激光加工小孔工艺直接影响再铸层的结构及微裂纹形貌。基本的趋势是 YAG 激光加工(优化参数情况下)好于钕玻璃激光调制加工,钕玻璃

激光调制加工好于钕玻璃激光未调制加工,疲劳试验的结果基本上也是前优后劣。

③ 采用磨粒流加工、机械方式的研磨、倒圆等后续加工将有助于疲劳性能的提高,尤其是磨粒流加工,在对小孔孔壁再铸层去除量较大的情况下,疲劳强度已接近机械钻孔的水平。

④ 在高温环境下,由于位错交滑移增多,合金塑性提高,再铸层上裂纹尖端钝化,同时残余应力得到充分释放、弛豫,使再铸层及微裂纹的有害影响降低。试验中有部分试样断口不过孔,疲劳裂纹起源于材料缺陷处。

⑤ YAG 激光旋切加工小孔,不同参数加工试样的疲劳强度有差别,脉宽越长,疲劳寿命越短,小能量、短脉宽、高频激光旋切加工小孔工艺,得到最佳的疲劳性能,此时疲劳裂纹多在孔边铸造缺陷处产生。

⑥ 微裂纹均在再铸层中的晶界及枝晶界处产生。基体组织结构中的缺陷,如枝晶间的疏松、共晶夹杂、碳化物等将加剧热裂纹的形成、粗化以及向基体扩展。

6.1.2 毫秒激光加工小孔试样与光滑试样疲劳强度的比较

1. DD6 单晶薄壁光滑平板试样高温高周疲劳试验

主要测试 DD6 单晶高温合金薄壁平板试样在 980℃下的高周疲劳力学性能,测定 DD6 单晶薄壁平板试样在 980℃下条件疲劳极限,同时给出 DD6 单晶薄壁平板试样应力-寿命关系曲线(S-N 曲线)。

图 6-6 所示为试样的设计图,平板厚度 2mm。

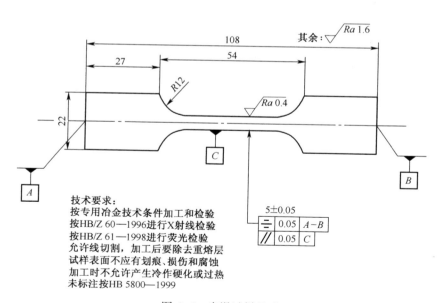

图 6-6 光滑试样尺寸

表 6-1 给出了 980℃下铸态 DD6 单晶高温合金薄壁平板试样高周疲劳试验结果。

表 6-1　铸态 DD6 单晶薄壁平板试样高周疲劳试验数据

序号	最大应力/MPa	断裂时间/h	循环次数/次	实际频率/Hz
1	400	56.3	17946964	88.8
2	420	41.2	12838940	88.4
3		40.5	12208914	88.0
4		43.6	13078209	89.8
5	430	32.2	8232395	87.6
6		32.0	8227423	87.8
7		34.3	9143016	87.9
8	440	30.6	7898804	87.1
9	450	29.1	7625312	87.2
10	470	25.1	5421567	87.0
11	500	20.2	4152345	86.8
12	530	20.0	4012332	86.9
13	550	9.9	2770838	86.0
14	570	9.0	2182145	86.2
15	600	5.6	1806692	89.0
16	630	2.3	862089	88.6
17	640	0.8	277980	87.5
18	650	0.7	225880	87.3
19	670	0.5	178844	87.2

　　由试验数据得到疲劳极限为 421.42MPa。图 6-7 所示为拟合获得 DD6 单晶高温合金在 980℃时的高周疲劳 S-N 曲线。

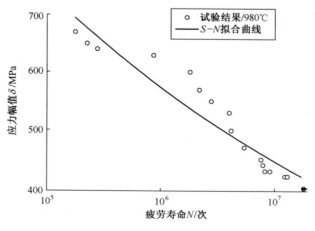

图 6-7　DD6 光滑试样高周疲劳 S-N 曲线

2. 毫秒激光加工小孔的 DD6 单晶薄壁平板试样高温高周疲劳试验

本试验测试毫秒激光加工多孔的 DD6 单晶薄壁平板试样在 980℃下的高周疲劳力学性能,测定 DD6 单晶薄壁平板试样 980℃下条件疲劳极限,同时给出 DD6 单晶薄壁平板试样应力-寿命关系曲线(S-N 曲线)。薄壁平板高周疲劳试样与尺寸见图 6-8,平板厚度为 2mm,试样标距段内制有 3 排共 14 个小孔,工艺为毫秒激光旋切加工小孔,设计孔径为 0.4mm。试验条件与光滑平板试样完全一致。

表 6-2 给出了 980℃下 DD6 单晶薄壁多孔平板试样高周疲劳试验结果。

根据疲劳极限公式及试验结果,求出疲劳极限为 351MPa。毫秒激光加工多孔试样的疲劳极限强度达到了光滑试样的 83.4%,相应的 S-N 曲线见图 6-9。

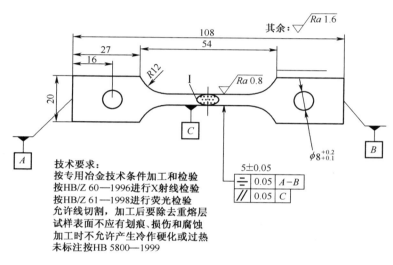

图 6-8　制孔试样设计图

表 6-2　DD6 单晶薄壁平板多孔试样高周疲劳试验数据

序号	最大应力/MPa	循环次数/次	断裂时间/h	实际频率/Hz
1	340	18265300	>30	90
2	340	16221500	>30	89
3	350	12326000	38.04	90
4	350	10499100	32.41	88
5	350	6560720	20.25	91
6	350	7213650	22.26	85
7	360	6609100	20.41	90
8	360	5386160	16.62	90
9	360	9543360	29.46	84
10	370	5206800	16.07	89

序号	最大应力/MPa	循环次数/次	断裂时间/h	实际频率/Hz
11	380	6486580	20.02	88
12	380	5106460	15.76	90
13	400	1061660	15.62	87
14	400	1321550	13.34	89
15	400	1756440	14.68	86
16	450	125621	4.15	84
17	450	95648	2.83	90
18	450	104515	3.32	88

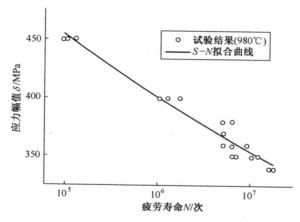

图 6-9　毫秒激光加工多孔试样高周疲劳 S-N 曲线

6.1.3　毫秒激光与电火花加工小孔试样力学性能分析

主要针对 DD6 单晶合金对比了毫秒激光加工小孔、毫秒激光加工小孔+磨粒流后续处理、电火花加工小孔试样高温低周疲劳性能和蠕变性能;针对 GH3536 高温合金对比激光及电火花加工小孔的多斜孔平板试样的高温持久强度。

1. DD6 单晶高温合金多孔试样高温低周疲劳试验

疲劳试样的设计见图 6-10,在试样中部加工 14 个孔,孔径设计尺寸为 0.5mm。试验温度为 900℃,采用三角波沿试样轴线方向以 0.33Hz 施加循环应力,选取的应力及实际载荷见表 6-3。

由于不同制孔工艺加工小孔存在一定锥度,试验载荷的选取方法如下:对各试验件的横截面尺寸(宽度、厚度、最小横截面上小孔的最大直径)进行测量,以最小的横截面尺寸为准,并根据试验要求应力水平进行载荷计算,试验件横截面上最少有两个孔,见图 6-10,计算载荷时,试验件宽度减去两个孔的直径,载荷计算方式

216

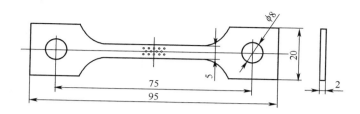

图 6-10　高温低周试样设计图

为 $F = (W - 2 \times D_{max}) \times B \times \sigma / 1000$，具体测量及计算结果见表 6-3。

表 6-3　高温低周疲劳试样尺寸及载荷

试验件制孔工艺	试验件编号	宽度 W/mm	厚度 B/mm	孔的最大直径 D_{max}/mm	试验应力 σ/MPa		试验载荷 F/kN	
					σ_{max}	σ_{min}	F_{max}	F_{min}
毫秒激光	毫秒激光-1	4.86	1.96	0.80	830	80	5.303	0.511
	毫秒激光-2	4.90	1.94	0.75	830	80	5.475	0.528
	毫秒激光-3	4.90	1.96	0.80	830	80	5.368	0.517
电火花	电火花-1	4.90	1.90	0.60	830	80	5.835	0.562
	电火花-2	4.84	1.88	0.50	830	80	5.992	0.578
	电火花-3	4.86	1.92	0.60	830	80	5.833	0.562
毫秒激光+磨粒流	毫秒激光+磨粒流-1	4.92	1.96	0.80	830	80	8.004	0.771
	毫秒激光+磨粒流-2	4.90	1.92	0.80	830	80	5.259	0.507
	毫秒激光+磨粒流-3	4.86	1.94	0.80	830	80	5.249	0.506
	毫秒激光+磨粒流-4	4.86	1.94	0.80	830	80	5.249	0.506

可见，激光加工小孔的入口直径较大、锥度较大，电火花加工小孔锥度更小。试验结果见表 6-4。很明显，毫秒激光加工多孔试样的高温低周疲劳性能最差，但毫秒激光加工小孔经磨粒流后续处理后，性能显著提高。

2. DD6 单晶高温合金多孔试样高温蠕变试验

试样的设计见图 6-11，同样在试样中部加工 14 个孔，孔径设计尺寸为 0.5mm。

表 6-4　高温低周疲劳试验结果

试验件加工小孔工艺	试验件编号	循环次数/次	循环时间/h
激光加工小孔	毫秒激光-1	1291	1.076
	毫秒激光-2	1412	1.177
	毫秒激光-3	1379	1.149
电火花加工小孔	电火花-1	2944	2.453
	电火花-2	4338	3.615
	电火花-3	3292	2.743
毫秒激光+磨粒流加工小孔	毫秒激光+磨粒流-1	6151	5.126
	毫秒激光+磨粒流-2	4063	3.386
	毫秒激光+磨粒流-3	4415	3.679

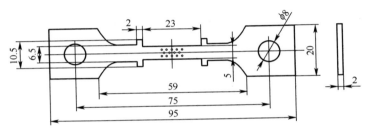

图 6-11　高温蠕变试样设计图

试验温度为 950℃, 应力为 400MPa。载荷计算方式同上。毫秒激光、毫秒激光+磨粒流、电火花 3 种加工小孔工艺各加工 5 件试样。各试验件蠕变断裂时间试验结果见表 6-5。

表 6-5　高温蠕变试样蠕变断裂时间

试验件类型	试验件编号	试验件断裂时间/h
毫秒激光加工小孔	毫秒激光-1	11.668
	毫秒激光-2	3
	毫秒激光-3	7.771
	毫秒激光-4	7.419
电火花加工小孔	电火花-1	8.33
	电火花-2	11.222
	电火花-3	11.427
	电火花-4	17.126
	电火花-5	13.414

试验件类型	试验件编号	试验件断裂时间/h
毫秒激光+磨粒流制孔	毫秒激光+磨粒流-1	14.847
	毫秒激光+磨粒流-2	5.661
	毫秒激光+磨粒流-3	8.055
	毫秒激光+磨粒流-4	5.465
	毫秒激光+磨粒流-5	5.692

由表 6-5 可见,无论是毫秒激光加工小孔还是毫秒激光加工小孔+磨粒流后续处理试样的高温蠕变性能均明显劣于电火花加工。

3. GH3536 高温合金多斜孔试样的高温持久试验

采用激光和电火花加工的多斜孔 GH3536 高温合金平板试样进行单向应力状态下的持久性能试验。试样设计如图 6-12 所示,板厚为 1.1mm,图 6-12(a)中 $L_0 = 20$mm, $L_1 = 116$mm,在试样中心处采用电火花和毫秒激光加工工艺加工直径 1mm,倾角 15°的斜孔,孔的分布见图 6-12(b)。在 850℃温度条件下测试 80MPa、90MPa、100MPa 等 3 个应力水平下试样的断裂时间。测试结果见表 6-6。

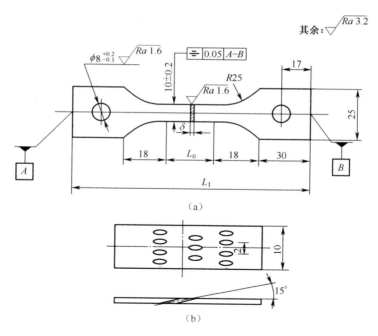

图 6-12 持久强度试样设计示意图

依据试验数据,在单对数或双对数坐标上用作图法绘制应力-断裂时间曲线如图 6-13 和图 6-14 所示。

219

表 6-6　高温持久试样的断裂时间及载荷

加工工艺	试样编号	断裂时间/h	平均寿命/h	应力/MPa
电火花加工	1	11.3	11.07	100
	2	12.5		
	3	9.4		
	4	44.3	37.43	90
	5	41		
	6	27		
	7	106	95.07	80
	8	87.8		
	9	91.4		
激光加工	1	15.5	16.7	100
	2	17.9		
	3	35.2	39.33	90
	4	51.6		
	5	24.7		
	6	45.8		
	7	119	119	80

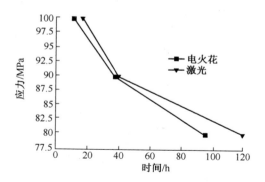

图 6-13　GH3536 电火花和激光加工小孔试样 850℃在单对数下的高温持久强度曲线

由图可见 GH3536 多斜孔平板试样在相同的温度和应力水平下,两种不同的制孔工艺,其蠕变寿命存在差异。

从平均寿命去比较这两种不同制孔工艺对 GH3536 多斜孔平板试样持久性能的影响,激光加工小孔试样要稍好于电火花加工小孔试样。

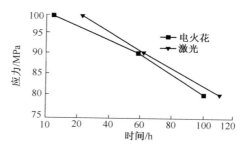

图6-14 GH3536电火花和激光加工小孔试样850℃在双对数下的高温持久强度曲线

4. 毫秒激光加工小孔化学研磨处理试样热冲击试验

化学研磨处理小孔的方法及效果见5.2.2节。本节介绍化学研磨处理毫秒激光DD6单晶合金加工小孔试样与未研磨处理小孔试样的热冲击试验结果[2]。

热冲击试验的方法:首先将试样在加热炉中进行加热,升温至1200℃,保温时间为10min;然后取出投入20℃冷水中,如此反复循环共100次,完成试验后使用立体显微镜观察试样孔口表面的裂纹萌生情况。

研磨处理与未研磨处理直孔试样在1200~20℃热冲击试验条件下的孔口形貌如图6-15所示。由图可见,孔口萌生的疲劳裂纹均比较明显,但图6-15(a)中直孔的裂纹长度明显要比图6-15(b)中直孔的裂纹长度长。热冲击试验结果表明,化学研磨处理去除毫秒激光加工小孔孔壁再铸层可以减小小孔对材料热疲劳性能的影响。

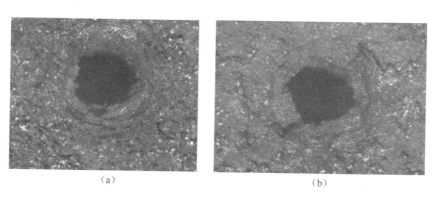

| (a) | (b) |

图6-15 研磨处理与未研磨处理直孔热冲击试验后的孔口形貌

6.2 纳秒激光加工与电加工小孔试样力学性能分析

这里主要对比了纳秒激光加工小孔+磨粒流后续处理、电液束加工小孔、电火花加工小孔试样高温蠕变性能和高温蠕变交互性能。

1. 高温蠕变试验

高温蠕变试验试样为标准试样,见图 6-11,试样上加工 14 个孔,纳秒激光加工小孔采用了旋切吹气加工的方式,并在加工小孔后采用了磨粒流后续加工对小孔进行了光饰处理。试验温度为 950℃,应力为 377MPa。表 6-7 所列为试验结果,是不同工艺加工小孔试样的平均值。

表 6-7　DD6 单晶合金带小孔薄壁平板高温蠕变试验数据

序号	加工工艺	试样数量/个	平均寿命/h	平均蠕变应变/%
1	电液束	7	51.47	3.4
2	高速电火花	6	40.539	3.3
3	高速电火花(表面处理)	6	41.8	2.6
4	成形电火花	3	43.9	3.56
5	纳秒激光加工小孔+磨粒流	5	76.7	4.68

从试验结果对比发现,蠕变至断裂时蠕变应变值从大到小依次为:纳秒激光+磨粒流>成形电火花>电液束>高速电火花>高速电火花(表面处理)。蠕变寿命从高到低依次为:纳秒激光+磨粒流>电液束>成形电火花> 高速电火花(表面处理)>高速电火花。从以上分析可知,在 950℃/377MPa 条件下,纳秒激光加工+磨粒流后续处理加工的薄壁平板试样蠕变性能最好。

2. 循环蠕变交互试验

循环蠕变交互试样与高温低周试验试样一致,同样加工 14 个孔。试验参数如表 6-8 所列。循环蠕变交互加载如图 6-16 所示。表 6-9 所列为 DD6 单晶合金带小孔薄壁平板循环蠕变交互作用试验的结果。

表 6-8　DD6 单晶合金带小孔薄壁平板循环蠕变交互作用试验

材料	温度/℃	最大应力/MPa	应力比	加载/卸载时间/s	保载时间/s	数量/个
DD6	950	400	0.1	1	15	5

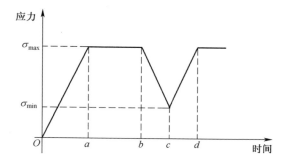

图 6-16　循环蠕变交互加载示意图

表 6-9 DD6 单晶合金带小孔薄壁平板循环蠕变交互作用试验数据

序号	加工小孔工艺	试样数量/个	寿命/h	循环次数/次
1	电液束	3	30.48	6453
			28.61	6057
			31.93	6767
			平均为 30.34	平均为 6425
2	成形电火花	4	21.26	4577
			21.94	4645
			13.48	2855
			15.98	3384
			平均为 18.16	平均为 3865
3	高速电火花	5	16.44	3481
			26.55	5620
			15.98	3384
			29.59	6264
			18.8	3981
			平均为 21.47	平均为 4546
4	高速电火花（表面处理）	4	14.87	3148
			20.74	5026
			9.69	2053
			5.0	1059
			平均为 12.57	平均为 2821
5	纳秒激光加工小孔+磨粒流	5	26.34	5578
			21.51	4554
			14.96	3168
			24.05	5093
			23.15	4902
			平均为 22	平均为 4659

对比数据可知,950℃/400MPa 保载时间 15s 下,不同制孔工艺加工小孔试样的循环蠕变交互寿命有差别。其中电液束的平均寿命值要显著高于其他的 4 种加工工艺,其次为纳秒激光+磨粒流。寿命从高到底排列依次为:电液束 >纳秒激光+磨粒流 >高速电火花 >成形电火花 >高速电火花(表面处理)。从表中数据可知,经过处理的电火花制孔试样寿命值分散性较大,稳定性差。总体而言,电液束制孔与激光加工小孔试样数据分散性较小,更为稳定。

223

6.3　超快激光加工小孔试样力学性能分析

6.3.1　超快激光与长脉冲激光加工小孔试样高温低周疲劳性能分析

主要在单晶、金属间化合物以及定向凝固的高温合金标准试样上应用超快激光、纳秒激光及毫秒激光加工小孔,开展高温低周疲劳试验并对试验结果进行分析、对比[3]。

1. DD6 单晶合金带小孔薄壁平板低周疲劳试验

疲劳试样见图 6-17,制孔采用单孔及多孔(8 个孔)两种形式。制孔工艺包括毫秒激光加工小孔、纳秒激光加工小孔及超快激光加工小孔。试验条件及试验结果见表 6-10。不同工艺各加工 5 件或 6 件试样,温度为 900℃,最大应力为640MPa,频率为 3Hz。

由此可见,在 640MPa 应力水平下,毫秒及纳秒激光加工小孔的 DD6 合金单孔试样的平均疲劳寿命几乎相同,超快激光加工小孔试样稍好。对于 DD6 合金多孔试样,不同脉冲宽度制孔工艺对疲劳寿命有较大影响,相对毫秒激光(平均寿命3.1h)、纳秒激光(平均寿命 4.98h)疲劳寿命平均提升 60%,超快激光加工小孔试样(平均寿命 11.66h)疲劳寿命是毫秒激光的 3.76 倍,是纳秒激光的 2.34 倍。

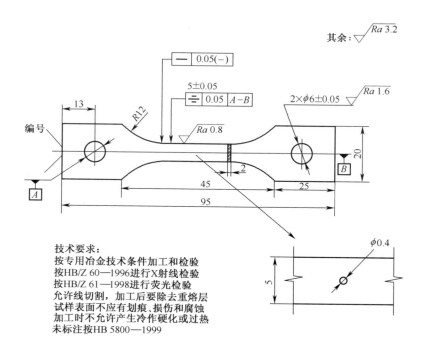

图 6-17　DD6 单晶合金单孔薄壁平板试样图纸

表 6-10　DD6 单晶合金带小孔薄壁平板高温低周疲劳试验数据

序号	小孔加工工艺	孔数/个	平均断裂时间/h	平均循环次数/次
1	毫秒激光	1	20.86	228529
2	纳秒激光	1	20.85	225228
3	超快激光	1	26.63	287588
4	毫秒激光	8	3.1	33458
5	纳秒激光	8	4.98	53764
6	超快激光	8	11.66	125924

2. IC10 合金带小孔薄壁平板低周疲劳试验

IC10 是定向凝固的镍三铝金属间化合物,制孔工艺、试样同上面的 DD6 单晶合金。表 6-11 所列为试验条件及试验结果,不同工艺各加工 5 件或 6 件试样,温度为 900℃,频率为 3Hz。由于最大应力不尽相同,给出了所有试样的应力、断裂时间及循环次数。

表 6-11　IC10 合金带小孔薄壁平板高温低周疲劳试验数据

序号	小孔加工工艺	孔数/个	最大应力/MPa	断裂时间/h	循环次数/次
1	毫秒激光	1	415	12.08	130481
2			415	20.08	216879
3			415	14.43	155817
4			415	16.6	179321
5			640	0.1	1058
6			400	43.17	466212
7	纳秒激光	1	430	7.1	76626
8			415	8.54	92184
9			415	11.15	120386
10			415	11.79	127312
11			450	1.74	18818
12	超快激光	1	415	26.09	281764
13			415	18.94	204570
14			415	17.01	183749
15			415	34.32	370612
16			415	16.64	179687

序号	小孔加工工艺	孔数/个	最大应力/MPa	断裂时间/h	循环次数/次
17	毫秒激光	8	415	1.07	11533
18				2.95	31860
19				1.74	18837
20				2.98	32173
21				2.57	27715
22				1.88	20310
23	纳秒激光	8	400	17.79	192191
24			415	1.14	12316
25				2.39	25789
26				2.76	29760
27				2.18	23552
28	超快激光	8	415	6.49	70139
29				3.42	36965
30				7.86	84876
31				3.64	39320
32				6.46	69786

比较415MPa应力水平下的试验数据,不同脉冲宽度激光加工小孔工艺对IC10的疲劳寿命同样有较大的影响。总体上讲,超快激光加工小孔工艺的单孔试样疲劳寿命>毫秒加工小孔试样的疲劳寿命>纳秒加工小孔试样的疲劳寿命,相对毫秒激光(平均寿命15.80h),纳秒激光单孔试样疲劳寿命(平均寿命9.65h)反而下降了约39%,超快激光加工小孔的单孔试样的疲劳寿命(平均寿命22.6h)是毫秒激光的1.43倍;IC10多孔试样的疲劳试验数据反映了同样的规律,超快激光加工小孔的多孔试样疲劳寿命(平均寿命5.574h)>毫秒加工小孔试样的疲劳寿命(平均寿命2.198h)>纳秒加工小孔试样的疲劳寿命(平均寿命2.12h),纳秒和毫秒激光加工多孔试样的疲劳寿命相差不大,超快激光是毫秒激光的2.53倍。

3. DZ125合金带小孔薄壁平板低周疲劳试验

DZ125是定向凝固铸造的镍基高温合金。本试验主要对比了超快激光加工小孔及纳秒激光加工小孔,表6-12所列为试验结果。试验温度为900℃,最大应力为415MPa,频率为3Hz,不同工艺加工小孔的试样数为5件,试验数据见表6-12。

由试验数据可知,在415MPa应力水平下,两种制孔工艺对DZ125试样的疲劳寿命影响规律与其他高温合金的结果是一致的,即超快激光加工小孔工艺加工小孔试样的疲劳寿命>纳秒激光加工小孔试样的疲劳寿命,相对纳秒激光加工小孔试样(平均寿命 19.98h),超快激光加工小孔单孔试样疲劳寿命(平均寿命 50.20h)有极大的提升,后者是前者的 2.5 倍;对于多孔试样,超快激光加工小孔的疲劳寿命(平均寿命 15.57h)是纳秒加工小孔的(平均寿命 8.57h)的 1.82 倍。

表 6-12　DZ125 合金带小孔薄壁平板高温低周疲劳试验数据

序号	小孔加工工艺	孔数/个	平均断裂时间/h	平均循环次数/次
1	纳秒激光	1	19.98	213578
2	超快激光	1	50.20	542098
3	纳秒激光	8	8.57	92551
4	超快激光	8	15.57	168182

4. 不同脉冲宽度激光加工小孔的综合评述

从超快激光与长脉冲激光加工小孔试样的低周高温疲劳试验结果,并结合第 4 章的工艺研究成果可以得出以下结论。

① 尽管毫秒脉冲激光加工小孔由于其高效率的特点,在国内外仍然是小孔加工,尤其是航空发动机热端部件等较大深度气膜冷却小孔加工的主要技术手段,但采用超快激光提高加工小孔质量是该技术应用、发展趋势。

② 采用超快激光加工小孔是改善激光加工小孔质量,减薄甚至消除孔壁再铸层、微裂纹的有效技术途径,但实际应用的主要技术障碍在于加工效率较低、加工深度有限。与纳秒激光相比,皮秒激光更容易实现加工小孔无再铸层等缺陷,也可以实现加工带热障涂层叶片气膜冷却小孔无再铸层、微裂纹,涂层无分层、开裂、崩块等缺陷,而且工程化应用具有更大的可行性,体现在加工深度、效率方面具有明显优势。

③ 疲劳试验结果表明,毫秒激光加工的小孔经过磨粒流、孔口倒圆等后续处理,小孔试样的疲劳性能明显提高,见 6.1 节;超快激光加工小孔试样高温低周疲劳性能明显好于毫秒激光加工小孔及纳秒激光加工小孔,进一步验证了其在加工高质量小孔及减小小孔对零件疲劳性能影响等方面的优势。

6.3.2　超快激光与电火花加工小孔试样高温低周疲劳性能分析

试样为标准试样,试样上加工 14 个孔。表 6-13 所列为试验条件及试验结果。温度为 900℃,最大应力为 540MPa。其他试验条件与前述高温低周疲劳试验一致。

从试验数据发现,与其他加工方法相比,超快激光加工小孔试样的高温低周疲劳寿命最长,超快激光加工小孔后试样湿喷砂处理反而导致寿命下降,但仍然高于电加工小孔试样。

表 6-13　带小孔的 DD6 单晶合金薄壁平板疲劳试验数据

序号	小孔加工工艺	断裂时间/h	循环次数/次
1	电火花成形	19.9	215077
2		16.95	183031
3		13.83	149405

序号	小孔加工工艺	断裂时间/ h	循环次数/次
4	高速电火花	22. 75	245740
5		10. 45	112907
6		15. 27	164905
7		30. 96	334368
8	高速电火花（表面处理）	30. 73	331939
9		17. 31	186569
10		12. 63	136402
11	无孔	45. 7	销孔处断
12		>100	未断
13	超快激光	56. 3	608040
14		66. 76	721008
15		48. 97	528876
16	超快激光加工小孔后喷砂处理	40. 23	434484
17		46. 2	498960

6.3.3 超快激光加工小孔单孔试样不同温度高周疲劳性能分析

主要测试 DD6 单晶薄壁平板试样在 900℃、980℃、1050℃下的高周疲劳力学性能，给出 DD6 单晶薄壁平板单孔试样应力-寿命关系曲线（$S-N$ 曲线），见图 6-18。表 6-14 给出了 900℃下 DD6 单晶薄壁平板单孔试样高周疲劳试验结果。

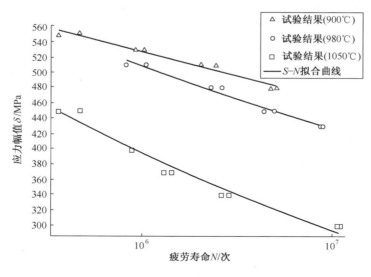

　　图 6-18　超快激光加工的 DD6 单晶合金单孔试样高温高周疲劳 $S-N$ 曲线

表 6-14　带小孔的 DD6 单晶薄壁平板试样高周疲劳试验数据

序号	试验温度/℃	平均载荷/MPa	断裂时间/h	循环次数/次	实际频率/Hz
1	900	450	>42	>13000000	87.7
2	900	480	16.4	5124650	87
3	900	480	14.9	4731390	88
4	900	510	6.5	2032200	87.5
5	900	510	7.9	2440220	86
6	900	530	3.2	1020530	87.5
7	900	530	2.9	925612	88
8	900	550	1.2	362032	86.5
9	900	550	1.5	467032	87
10	980	400	>42	>13000000	86
11	980	430	27.6	8624564	86.8
12	980	430	28.3	8902640	87.5
13	980	450	10.6	4359779	86
14	980	450	15.9	4965993	87
15	980	480	8.4	2651454	87.6
16	980	480	7.3	2283638	86.8
17	980	510	3.4	1058210	86
18	980	510	2.7	825650	85.4
19	1050	300	35.9	11015423	85.3
20	1050	300	34.0	10592179	86.5
21	1050	340	9.2	2864564	86.4
22	1050	340	8.4	2599507	85
23	1050	370	4.2	1301177	85.4
24	1050	370	4.6	1413130	85.2
25	1050	400	2.8	875464	86.4
26	1050	400	2.9	883025	85
27	1050	450	1.2	363120	85
28	1050	450	1.6	478632	84.4

　　显然,温度增加,疲劳性能下降。在 980℃ 条件下,从试验数据分析,超快激光加工单孔的 DD6 单晶试样疲劳极限强度约为 400MPa,达到了光滑试样疲劳极限(421MPa)的 95%,光滑试样 980℃ 条件下疲劳强度极限见图 6-7。

6.3.4 带热障涂层高温合金超快激光加工小孔试样热循环试验

试验目的在于通过分析带热障涂层的 DD6 单晶高温合金试样上超快激光加工小孔在不同热循环时间下孔口、孔壁及其周边涂层的变化情况,判断高温合金材料先制备热障涂层再用激光加工小孔,在热循环条件下小孔是否会造成对热障涂层性能的影响。

试样如图 6-19 所示,热障涂层采用电子束物理气相沉积(EB-PVD)完成,隔热的陶瓷涂层的厚度约为 0.13mm,黏结层的厚度约为 0.05mm,采用超快激光在带热障涂层 DD6 单晶高温合金试样上加工直孔和 45°斜孔,直孔试样的厚度为 3mm,斜孔试样厚度为 2.5mm。

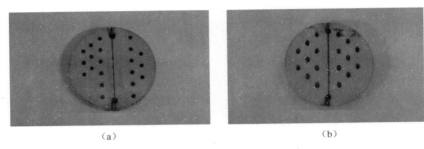

(a)   (b)

图 6-19 先制备热障涂层后超快激光加工小孔的试样照片
(a)直孔试样;(b)斜孔试样。

试验模拟发动机热端部件的高温使用温度环境,由于其工作温度一般为 850~1150℃。因此,热循环最高温度设定在 1050℃,标准的热循环试验参数如图 6-20 所示。

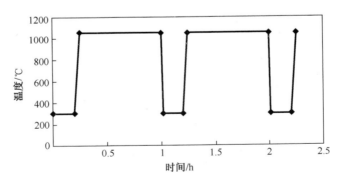

图 6-20 热循环制度示意图

将试样放入热循环试验炉中,经过极短的时间从 300℃上升到 1050℃,在 1050℃保温,从升温到保温用时 50min,然后在 2min 内,将温度迅速降到 300℃,在 300℃保温 8min,之后再次从 300℃上升到 1050℃,1h 作为一个热循环周期,取出后,观察孔的入口和孔壁情况。

根据热循环试验炉的工作条件,实际执行是从室温以 40℃/min 升温速率升到 1050℃,保温 45min,风冷 10min,以此循环。分别循环 0h、75h、250h 及 500h 后取出,对样品进行光学金相显微(OM)和扫描电镜(SEM)观测。

图 6-21 所示为超快激光在带热障涂层高温合金上加工直孔的显微组织照片。

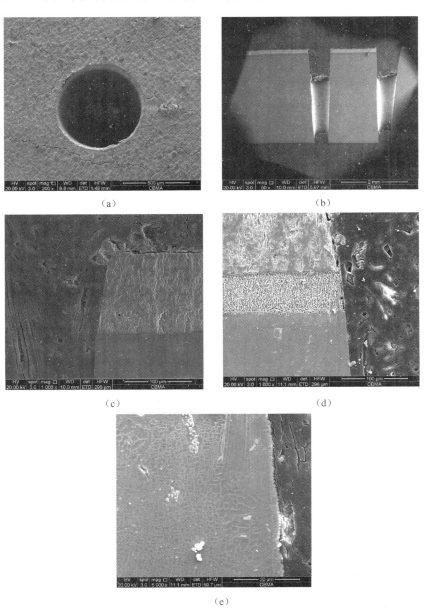

（a）　　　　　　　　　　　（b）

（c）　　　　　　　　　　　（d）

（e）

图 6-21　超快激光在带热障涂层的高温合金上加工直孔的显微组织照片
（a）孔入口形貌；（b）孔纵截面整体形貌；（c）涂层区孔壁局部放大；（d）金相试样涂
层区孔壁纵截面局部放大；（e）金相试样金属区孔壁纵截面局部放大。

图 6-21（a）所示为入口的显微组织照片，可见超快激光加工小孔圆度较好，孔口及周边表面无明显飞溅物，也没有熔融重凝物附着在孔壁内部，但涂层本身存在微裂纹。图 6-21（b）、（c）所示为孔纵截面的显微组织照片，由图可见，小孔具有一定的锥度，陶瓷层、陶瓷层与黏结层以及黏结层与基体之间不存在层间开裂及微裂纹，孔纵截面金相照片见图 6-21（d）、（e），孔壁也不存在再铸层。

图 6-22 所示为采用超快激光在带热障涂层的高温合金上加工 45°斜孔的显微组织照片。图 6-22（a）所示为小孔入口的显微组织照片，圆度同样较好，孔口及

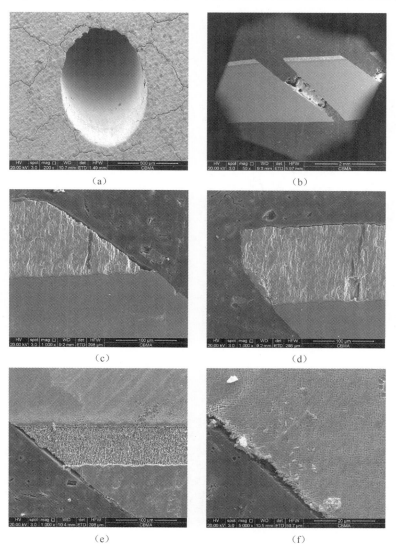

（a）　　　　　　　　　　　　（b）

（c）　　　　　　　　　　　　（d）

（e）　　　　　　　　　　　　（f）

图 6-22　超快激光在带热障涂层高温合金上加工 45°斜孔的显微组织照片
（a）孔入口形貌；（b）孔纵截面整体形貌；（c）涂层区孔壁局部放大；（d）涂层区孔壁
局部放大；（e）金相试样涂层区；（f）金相试样金属区域。

232

周边表面无明显飞溅物,也没有重凝物附着在孔壁内部,内壁表面光滑。同样发现涂层本身存在微裂纹,且深入至涂层内部。涂层入口尖边区存在轻微的掉块现象。图 6-22(b)所示为孔纵截面整体形貌,小孔也具有一定锥度。由图 6-22(b)、(c)、(d)看出陶瓷层、陶瓷层与黏结层以及黏结层与基体之间不存在层间开裂及微裂纹,但尖边处存在掉块现象,也可能是磨削试样时,由于热障涂层脆性导致受力掉落。图 6-22(e)、(f)所示为金相试样的孔壁纵截面局部放大照片,同样不存在再铸层。

图 6-23 所示为直孔试样热循环 75h、250h 及 500h 的显微组织照片。结果表明,随着热循环时间从 75h 延长到 500h,小孔与未经热循环试样相比,没有发生明显变化,涂层表面已有的微裂纹没有扩展,涂层未脱落。

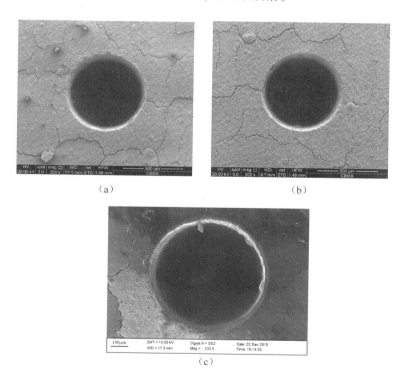

图 6-23　直孔试样热循环 75h、250h 及 500h 孔口显微组织照片
(a) 75h;(b) 250h;(c) 500h。

图 6-24 所示为斜孔试样热循环 75h、250h 及 500h 的显微组织照片,与直孔试样一样,小孔形貌没有发生明显变化,涂层表面已有的微裂纹也没有扩展,涂层不存在层间开裂及明显脱落现象。

但热循环时间延长至 500h 时,试样表面的热障涂层出现局部起皱或者鼓泡现象,如图 6-25 及图 6-23(c)所示,孔周边及非孔区均不同程度出现。

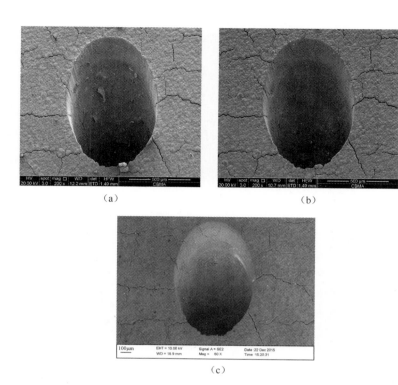

（a）

（b）

（c）

图 6-24　斜孔试样热循环 75h、250h 及 500h 孔口显微组织照片
（a）75h；（b）250h；（c）500h。

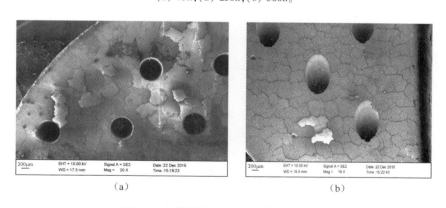

（a）

（b）

图 6-25　热循环 500h 后试样表面形貌
（a）直孔试样；（b）斜孔试样。

　　观察热循环 500h 后孔纵截面的显微组织结果表明，500h 热循环后小孔形貌无明显变化，但孔内壁有一定厚度的氧化层出现，如图 6-26 和图 6-27 所示。

　　分析热循环时间 500h 斜孔试样表面的热障涂层起皱区域，如图 6-28 所示，纵剖图 6-28（a）中虚线框区域，结果如图 6-28（b）所示，图 6-28（b）中虚线框标识的起皱区域及孔口涂层区域放大照片见图 6-28（c）及图 6-28（d）。

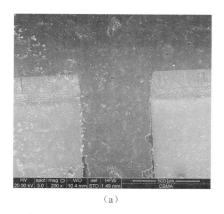
(a)

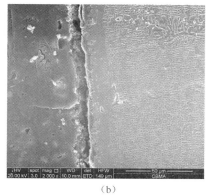
(b)

图 6-26　直孔试样热循环 500h 后纵截面的显微组织照片
(a) 孔入口纵截面;(b) 孔入口纵截面局部放大。

(a)

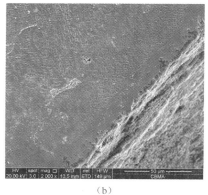
(b)

图 6-27　斜孔试样热循环 500h 后纵截面的显微组织照片
(a) 孔入口纵截面;(b) 孔入口纵截面局部放大。

　　由图 6-28(b)、(c)、(d)可知,距斜孔一定距离处,陶瓷层上出现贯穿整个陶瓷层的纵向裂纹,尤其是起皱处沿着陶瓷层和 TGO 热生长氧化层的界面出现横向开裂,原因在于 EB-PVD 热障涂层退化主要发生在黏结层与陶瓷层间的 TGO。当微裂纹沿柱状晶方向穿透陶瓷层时,空气更容易通过这些比较大的裂纹传输,加速黏结层的氧化,进而导致该位置处剥落,最终引起涂层失效[4-6]。图 6-28(d)表明,孔内壁的陶瓷层及黏结层交界区域反而没有因为 500h 热循环而发生开裂。

　　从热循环试验分析结果(500h 条件下)可以认为,热障涂层脱落或开裂失效主要取决于涂层本身的制备质量,并未受到在热障涂层上超快激光加工的小孔影响,在高温合金上先制备热障涂层后加工小孔是可行的。

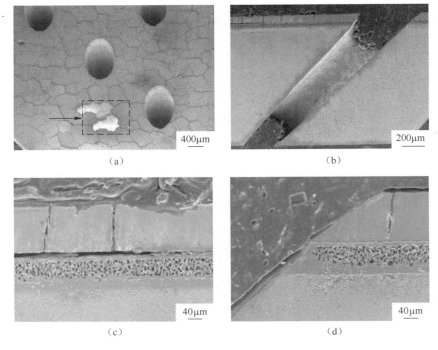

图 6-28　斜孔试样热循环 500h 后起皱区域及其附近小孔纵截面显微组织照片

参 考 文 献

[1] 张晓兵,李其连,王健.激光加工小孔工艺及其孔壁再铸层对 DZ22 高温合金疲劳性能的影响[J].航空工艺技术,1995(2):20-22.

[2] 陈长军,王茂才,张晓兵,等.镍基超级合金再铸层化学研磨去除的试验研究[J].燃气涡轮试验与研究,2004,17(3):44-50.

[3] 卢绪平,温志勋,张晓兵,等.镍基单晶气膜孔模拟试样的低周疲劳断裂机理[J].稀有金属材料与工程,2015(5):1173-1176.

[4] Strangman T, Raybould D, Jameel A, et al. Damage mechanisms, life prediction, and development of EB-PVD thermal barrier coatings for turbine airfoils [J]. Surface and Coatings Technology, 2007, 202(4-7):658-664.

[5] 郭洪波,徐惠彬,宫声凯.EB-PVD 梯度热障涂层的热循环失效机制[J].金属学报,2001,37(2):151-155.

[6] 付倩倩,通雁鹏,杨玉璋.航空发动机涡轮叶片热障涂层失效分析研究[J].失效分析与预防,2017,12(6):376-380.

第7章 激光加工小孔设备的发展及结构特点

7.1 激光加工小孔设备的发展历程

20世纪60年代初激光器出现以后,激光在材料加工领域的首次应用始于激光加工小孔。最初激光加工小孔机配置的是毫秒脉冲的红宝石激光器,以后陆续应用了 CO_2 激光器、钕玻璃激光器、以及毫秒、纳秒脉冲宽度的 YAG 激光器、准分子激光器、铜蒸气激光器等,近期出现配置了皮秒、飞秒超短脉冲激光器的激光加工小孔设备。

激光加工小孔设备总体分为两大类:第一大类是以发动机、燃气轮机的涡轮叶片、燃烧室零件以及汽车行业的燃油喷嘴、过滤器上小孔加工为典型应用对象,需要配置4~5轴以上的多轴数控激光加工小孔设备,可加工多维空间分布的小孔;第二大类是以电子行业等薄壁平板件,如陶瓷片、硅片、集成电路基板(PCB)双层或多层膜电路等密集微孔加工为主要应用对象,一般配置 X、Y、Z 向三轴运动机构,有的配置高速扫描振镜,实现二维平面上密集微孔的高速加工。

第二大类小孔加工设备的发展需求是效率更高、加工尺寸更小。例如,实现微米尺寸、亚微米精度的小孔加工,加工速度甚至达到每秒几千个孔。该类设备典型的结构如图 7-1 所示[1],配置了 X-Y 数控滑台和二维扫描振镜及平面场镜($F-\theta$ 镜)。

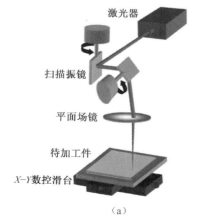

(a) (b)

图 7-1 激光加工二维平面分布小孔设备的典型配置示意图及设备外观照片

(a) 二维扫描振镜加工;(b) 设备外形照片。

图 7-2 所示为采用该类设备在 0.5mm 厚 SiN 上加工的密集微孔,孔径仅 100 μm,激光选用纳秒脉冲宽度的 YAG 激光[1]。

图 7-2　紫外纳秒激光加工设备振镜扫描加工的密集分布群孔

针对二维平面上规律排布的微孔,有的设备采用了掩模聚焦方式加工 (图 7-3)[1],主要基于均匀激光功率输出的方形光斑的准分子激光束采用多孔掩模板分光后聚焦加工沿直线均匀分布的微孔,孔径和深度均为几十微米,该聚焦加工方式有效地提高了加工效率。

下面主要介绍第一类激光加工小孔设备的发展历程。

图 7-4 所示为中国航空制造技术研究院(以下简称制造院)在 20 世纪 70 年代研制的钕玻璃激光加工小孔设备,钕玻璃激光器激光脉冲能量达到 50J,脉冲宽度在 1ms 以上,加工孔径为 0.3~0.4mm,激光脉冲 2s 触发 1 次,工作台为手动方式。

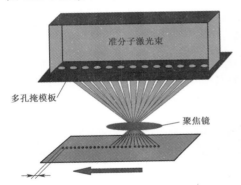

图 7-3　准分子激光掩模聚焦加工小孔　图 7-4　早期开发的钕玻璃脉冲激光加工小孔设备

进入 20 世纪 80 年代,结合我国新型发动机研制的需求,制造院研制成功了五轴数控激光加工叶片气膜孔的钕玻璃激光加工小孔机。工作台设计有 X 轴、Y 轴、Z 轴以及可任意旋转 360°的 C 轴和可倾斜 5°~-90°的 B 轴,如图 7-5 所示。在数控方面,则采用了现在已经非常落后的单板机控制工作台的自动进给,90 年代改进为单片机控制,改进后的设备见图 7-6。由于进行了以上改进,加工小孔效率提高了 4~5 倍,而且为激光正式在叶片上加工气膜孔并装机试车奠定了设备及工艺基础。

钕玻璃激光器频率低,需要 2s 触发 1 次,因而与 YAG 激光频率高达每秒数十次至数百次脉冲相比,效率要低得多,仅能采用定点冲击式加工方式,加工孔径有限,小孔的毛刺较多,不易去除。钕玻璃激光加工叶片小孔照片见图7-7。

由于钕玻璃激光脉冲宽度较大(1ms),激光作用热影响大,冲击加工小孔存在明显的再铸层,并且与基体结合紧密,甚至产生深入基体的裂纹。为了进一步提高冲击加工小孔质量,曾研制了安装于钕玻璃激光谐振腔内的机械调Q装置。图7-8所示为可以高速旋转的锯齿形转盘。

图7-5　加工叶片气膜孔专用
数控五坐标工作台

图7-6　数控五坐标钕玻璃激光加工小孔设备

图7-7　钕玻璃激光冲击加工小孔

图7-8　安装于钕玻璃激光谐振腔内
的机械调Q装置

该锯齿形高速圆盘在激光腔腔内高速旋转,速度为12000r/min,在其遮挡激光束振荡路径时,腔损耗非常大,激光不能输出,激光介质中反转粒子数处于积累过程,并显著高于自由振荡时的反转粒子数密度。而在转盘缺口转至激光振荡路径并使损耗降低时,激光在很短的时间内,如雪崩般剧烈输出,从而使输出功率得以提高2~3倍。在一次放电触发周期内(约为1ms),转盘转过4~6个缺口(随转速不同而不同),因而输出4~6个尖峰脉冲,经机械调Q后产生的激光纵向波形如图7-9所示。

钕玻璃激光器调Q前后的参数对比如表7-1所列。

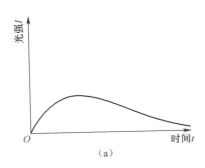
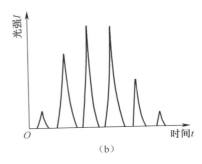

(a)   (b)

图 7-9　钕玻璃激光调 Q 前后激光脉冲波形的变化示意图

(a) 调 Q 前；(b) 调 Q 后。

表 7-1　钕玻璃激光调 Q 前后激光参数的对比

激光类型	单脉冲激光能量/J	单脉冲宽度/ms	峰值功率/kW	光束发散角/mrad	光束直径/mm
调 Q 前	约 50	1~1.2	约 30	5~8	12
调 Q 后	3~10	0.1~0.4	>50	3~5	12

　　钕玻璃激光调 Q 后冲击加工小孔,由于输出激光的峰值功率密度提高,与材料作用时,气化比例明显增加,因而加工小孔的再铸层最大厚度小于 $100\mu m$。但有的孔在孔入口处仍存在接近 $150\mu m$ 的再铸层堆积或者毛刺,平均厚度小于 $60\mu m$,再铸层多呈分层结构,与基体结合不紧密,微裂纹相对较少,极个别发现进入基体,典型形貌如图 7-10 所示。调制钕玻璃激光加工小孔结合孔入口机械研磨倒圆及磨粒流后续加工处理使小孔质量得到进一步改善,采用该工艺曾加工了我国昆仑发动机研制初期阶段 1000 片以上的涡轮工作叶片气膜冷却小孔。

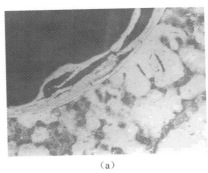
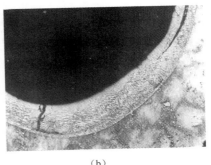

(a)   (b)

图 7-10　钕玻璃激光调 Q 后冲击加工小孔孔壁再铸层典型形貌

　　20 世纪 70 年代中、后期,较高频率及功率的脉冲 YAG 激光器的光束质量、可靠性得到了明显改善,YAG 激光器与多轴数控工作台组合的加工系统在设备上具备了脉冲激光旋切加工小孔的技术条件,加工小孔的孔径范围、精度、效率、宏微观质量及其一致性得到显著提高。

图7-11(a)所示为瑞士LASAG公司生产的脉冲YAG激光器(激光器安装了无辅助吹气喷嘴的加工头)及其电源,图7-11(b)所示为配置了同轴辅助吹气喷嘴的加工头。

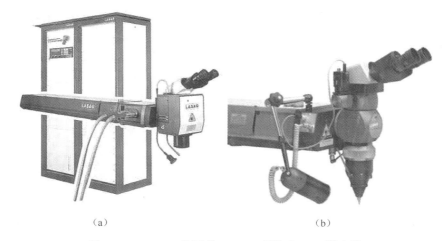

（a） （b）

图7-11 LASAG公司的KLS522型脉冲YAG激光器

脉冲YAG激光器的激光参数如下。

平均功率:最大450W;脉冲频率:最高300Hz;脉冲能量:最大50J;峰值功率:最高20kW;脉冲宽度:0.1~10ms。

脉冲YAG激光器与英国Lumonics公司生产的JK704型脉冲YAG激光器相比,由于没有在谐振腔内安装降低激光发散角的LD装置(Low Divergence Unit),其光束质量在较高功率工作时不如后者,因此,加工小孔的最大深度仅15mm左右,而JK704激光器可以加工30mm以上深度的小孔。采用脉冲YAG激光器作为激光加工小孔设备激光源另一个特点是可以采用飞行加工小孔方式在薄板上高速加工小孔,加工小孔的最大速度超过200孔/s。

图7-12所示为制造院在KLS522型脉冲YAG激光器基础上研制的8轴激光加工小孔设备,其中6轴数控,任意4轴联动。另外两个轴主要用于手动调整激光器的加工位置,扩大加工范围,设备实现了旋切加工小孔的工艺模式,不但大幅度提高了加工效率,而且显著提高了加工小孔质量。图7-13所示为该设备加工发动机零件小孔的照片。

由于YAG激光频率高,该设备还具备了加工较大孔径圆孔、窄槽等精密切割功能,见图7-14。

YAG激光加工小孔设备加工小孔质量的提高,主要体现在小孔的圆度、毛刺状况、锥度、再铸层厚度、微裂纹状况等均有较大改善。存在的问题在于,由于YAG激光器的频率较高,加工在数秒内完成,其间难以确切控制释放的激光脉冲次数,因而叶片的内腔防护难度较大。如前所述,对于内腔空间较为敞开的零件,

241

图 7-12　六轴数控 YAG 激光加工设备

图 7-13　YAG 激光加工发动机零件小孔照片

图 7-14　YAG 激光在发动机钣金零件精密切割加工圆孔及窄缝实物照片

可以采用聚四氟乙烯等作为防护材料。

　　国外激光加工小孔设备自动化程度非常高。例如,在美国涡轮叶片小孔加工已经实现了流水线作业,如美国通用电气公司的发动机叶片生产厂,从叶片加工小孔前的身份识别、防护材料的充填、叶片装夹、激光加工小孔、加工小孔后防护充填材料的去除、孔径的实时检测及补孔、加工小孔后序处理及终检入库,均由车间的中心控制室遥控,在流水线上全自动化完成,如图 7-15 所示[2]。

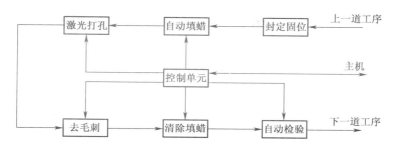

图 7-15 叶片气膜冷却孔加工自动化流水生产线示意图

7.2 多轴数控 YAG 激光加工小孔设备的结构及功能特点

与激光器同步发展的是加工系统的更加专业化、自动化、柔性化。多轴数控的激光加工小孔设备的主流仍然采用毫秒脉冲的 YAG 激光器,数控运动轴数为 5 个轴或 6 个轴,结构形式主要有零件运动为主、混合式及动光式 3 种模式,分别如图 7-16~图 7-18 所示。图 7-16(b) 所示为美国 Laserdyne 公司开发的 Laserdyne450 型脉冲 YAG 激光加工设备三维示意图。

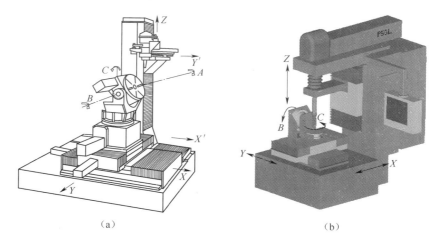

(a)   (b)

图 7-16 零件运动为主模式设备示意图

图 7-18(a)所示为美国 Laserdyne 公司开发的 Laserdyne 780 多轴数控 YAG 激光加工机,图 7-18(b)所示为该设备可以二维数控旋转的激光加工头,具备辅助吹气及自动聚焦功能。

零件运动为主模式的设备,实物照片如图 7-19 所示。零件做旋转、偏转及 X、Y 向移动,激光加工头仅沿 Z 向运动。图 7-19(a)所示为制造院产品,图 7-19(b)

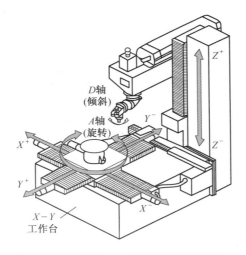

图 7-17　混合运动模式设备示意图

（a）　　　　　　　　　　　　　　　（b）

图 7-18　动光式运动模式设备照片

所示为德国 DMG 公司产品,配置了在线测量头。

　　混合运动模式的设备,激光加工头本身做 A 向或 B 向偏转、C 向旋转运动和 Z 向移动,零件做 X、Y 向运动,有的设备在 X-Y 十字滑台上还专门配置数控转台,以满足圆筒形或环形件周向小孔加工,见图 7-17。二维数控旋转的激光加工头实物照片如图 7-20 所示,通常采用力矩电机(直驱电机)驱动,该加工头为制造院试制产品。也有部分设备设计的激光加工头仅 A 向或 B 向偏转,C 向旋转由数控转台完成,设备结构示意图如图 7-21 所示。仅做偏转运动的激光加工头实物照片如图 7-22 所示。而动光式设备,零件不做任何运动,或安装于数控转台在加工过程中仅做旋转分度运动。

244

(a) (b)

图 7-19   零件运动为主模式的五轴数控 YAG 激光加工设备照片

图 7-20   采用力矩电机作为转轴的二维数控旋转激光加工头

目前国际上较先进的五轴数控加工小孔设备通常采用动光式,结构设计及制造难度也最大。以美国 Laserdyne 公司生产的 Laserdyne 系列多轴数控 YAG 激光加工机为例,见图 7-18,该类设备的主要特点如下。

① 加工中激光束移动而零件不动,可提高加工效率。如一个工件加工时,可以装卸另一个零件,进行所谓并行加工。

② 采用直接驱动激光束导向装置。无传动装置,精度更高,定位精度达到 ±15″,重复定位精度则在 15″ 之内;具有更快响应速度的防碰撞功能;偏转角度为 ±135°,360° 任意旋转,加工柔性非常好,而且配置了数控转台,实物照片如图 7-18(b)所示。

图 7-21　仅激光加工头数控偏转的混合式 YAG 激光加工小孔设备结构示意图

③ 具有自动聚焦、自动垂直及特征搜寻功能。能对工件本身尺寸误差所造成的加工位置的偏差进行补偿,尤其是加工发动机燃烧室等薄壁环形钣金零件,保证轴向高度位置并补偿径向沿圆周变化的焦点位置,其自动聚焦及寻位的工作原理如图 7-23 所示。实际加工位置为虚线与零件壁交叉处,该设备开发的自动聚焦及寻位功能,确保在实时自动聚焦过程中激光头沿激光束轴向及零件高度两个方向进行调整。另外,针对以往采用电容式传感器测量喷嘴与零件距离需要零件导电。例如,加工带热障涂层叶片无法有效测量喷嘴与零件间隙,而且由于电容传感器安装于辅助吹气喷嘴,在加工较大倾角斜孔时受喷嘴锥形侧壁与零件侧壁测量间隙的影响,测量误差较大,易导致错误定位,还专门开发了与加工激光束同轴的二极管激光束测量装置,显著提高了自动聚焦及寻位精度及效率[3]。

 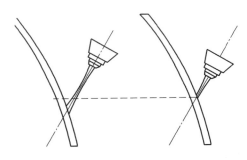

图 7-22　数控偏转的激光加工头实物照片　图 7-23　数控偏转的激光加工头实物照片

④ 该设备配置了功能更强大的数控及编程系统。先进的 DSP(数字处理器)和高速串行总线使系统比一般的激光加工系统的 CNC 快 25~50 倍;具有示教编程(Teachvision Programming)、CAD/CAM 数据输入、手工编程等多种方法,可以通过

后处理器进行脱机编程。

下面以制造院研发的五轴数控 YAG 激光加工小孔设备为例说明设备的主要功能、典型配置及技术参数等。

1. 主要功能

五轴数控(X、Y、Z、C 轴(Z 向旋转)、A 轴(X 向偏转)或 B 轴(Y 向偏转),具备四轴或五轴联动功能,主要用于航空发动机或燃气轮机发动机叶片气膜孔、燃烧室气膜孔以及叶型孔等的加工,也可以用于薄壁结构件二维或三维精密切割加工。

加工性能:加工零件尺寸为直径 ≥600mm,高度 ≥500mm;孔径公差 ≤±0.05mm;圆度 ≤±0.03mm;最大深度 ≥10mm;最小孔径 ≤0.15mm;孔壁再铸层厚度 ≤0.03mm(针对高温合金)。

2. 典型配置

(1)脉冲 YAG 激光器及其水冷机。激光器典型参数见 KLS522 型 YAG 激光器参数介绍。

(2)激光加工头,可以采用力矩电机驱动的二维数控旋转机构或仅力矩电机驱动的数控偏转机构。

激光加工头的功能配置:①防碰撞保护功能。②配置摄像机,可以通过十字叉丝进行显微对准。③可承受最大辅助气体压力:1.8~2MPa。④配置一种或多种焦距规格的聚焦镜。⑤激光聚焦后可以反射 90°,以便于加工零件内侧面,与通常加工喷嘴易于互换。

(3)五轴运动机构。

可以选择图 7-12~图 7-14 所示的 3 种结构形式。运动机构的典型技术参数要求:①X、Y、Z 轴的行程:$X=700$mm,Y 轴 $=500$mm,Z 轴 $=700$mm,C 轴 360°任意,B 轴±135°。②定位精度:X、Y 轴 ≤0.05mm,Z 轴 ≤0.1mm,旋转轴(C 轴、B 轴)≤30″。③重复定位精度:X、Y 轴 ≤0.03mm,Z 轴 ≤0.05mm,旋转轴 ≤20″。④用于固定工作转台的滑台承重 ≥500kg。⑤工作转台直径:400mm,承重 ≥200kg。⑥X、Y、Z 轴最大移动速度 ≥8m/min,旋转轴最大速度 ≥8r/min。

(4)数控电气系统。

主要功能:基于 CNC 系统,实现对整套设备的协调控制,包括机床运动、激光器、水冷机、气路、程序管理、数据传输以及其他的特定功能。

实现的通用功能:①机床五轴四联动或五联动运动控制;②激光器及参数控制;③激光加工头控制;④抽风除尘系统控制;⑤水路及气路控制;⑥机床安全防护装置、手轮等其他外围设备的控制与通信。

数控系统其他配置及功能:①配置手持单元(手轮)1 套,实现各轴在线微调节;②具备示教自动编程功能;③具备直线、圆弧、样条插补等功能;④实现激光加工头防碰撞功能;⑤允许单脉冲、多脉冲冲击加工小孔、旋切加工小孔或混合加工小孔方式;⑥后置(离线)编程软件。实现三维模型切割路径直接转换为切割程序。图 7-24 所示为基于 CATIA 系统的后置(离线)编程软件工作流程。

（5）附属装置：①抽风除尘系统；②水路及气路；③激光安全及环境安全防护罩。

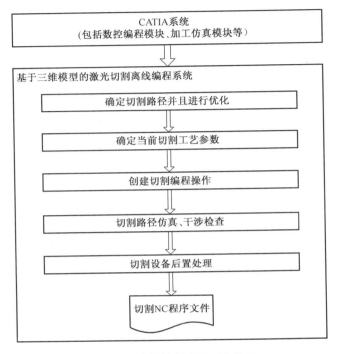

图 7-24　离线编程软件工作流程

7.3　激光加工小孔装备技术发展

激光加工小孔设备的发展趋势包括以下几个方面。

（1）应用自适应定位技术。通过自适应定位技术提高激光加工小孔的位置精度，自适应定位包括自动聚焦技术，因此，与准确的定位结合，该技术具有提高加工小孔孔径精度的作用。

（2）应用在线监测与检测技术。不仅包括监测孔是否通透，还包括检测孔径甚至小孔的三维形貌。与反馈控制技术结合，不仅用于提高激光加工小孔防对面壁击伤的可靠性，还可以通过在线控制提高加工孔尺寸的精度及一致性。

（3）实现激光高精度加工异型孔。主要指将倾斜聚焦加工圆柱形孔技术与三维振镜扫描逐层去除加工异型孔扩散段技术结合，集成单一激光加工头，能够自动化、一次性加工高精度异型孔。例如，德国 ARGES 公司开发了一款多轴扫描振镜加工高精度异型孔专用激光加工头，可以实现倾斜聚焦填充方式旋切加工无锥度孔，也可以垂直聚焦逐层去除加工异型孔入口的扩散段结构。

（4）应用激光器技术发展研发新型激光加工小孔设备。主要是应用超快激光器、高峰值功率的毫秒脉冲光纤激光器、水导激光加工技术(水导激光加工技术效率提升与更大功率高光束质量倍频纳秒激光器的发展密切相关)的技术进步,集成相应的激光加工小孔专用设备,提高加工性能,如加工深度、深径比、加工效率等。根据需求,配置上述的自适应定位、在线监测与检测等系统,提高加工的智能化水平及精度,实现更成熟的工程应用。

例如,美国 Laserdyne 公司技术在其开发的 6 轴 LASERDYE 795 设备上配置了IPG 15kW 光纤毫秒门脉冲激光器,即激光脉冲功率可以达到 15kW。与传统的灯泵浦毫秒脉冲 YAG 激光加工小孔相比,脉冲光纤激光器可提供更高的光束质量,相应更优异的聚焦能力,加工结果显示,高功率的脉冲光纤激光加工小孔的一致性、精度、质量、效率更高,包括可更快地加工 70°倾角的小孔,加工带热障涂层叶片上70°倾角的小孔仅需要 5s。采用该型激光器飞行方式加工小孔,加工速度达到2~10孔/s。

下面重点介绍自适应定位技术与在线监测与检测技术。

7.3.1 激光加工小孔自适应定位技术

该项技术在激光高精度加工零件上复杂分布小孔的应用中意义重大,尤其是加工涡轮叶片气膜冷却孔。在实际应用中,影响激光加工涡轮叶片上呈空间复杂分布气膜孔尺寸精度及位置精度的一个主要因素,在于由于叶片本身型面铸造误差、叶型与叶片机加基准面相对位置的制造误差和工装夹具加工误差及其实际装夹误差等,导致实际加工气膜孔位置与理想位置有明显偏差,进而导致孔位置偏差、孔径精度控制难度增大、孔径易超差、叶片前缘密集分布孔出口交叉,以及人工调整的周期长和工艺不确定性大等一系列问题,严重影响叶片冷却效果,显著降低加工效率。

尤其是超快激光加工小孔,由于超快激光脉冲能量小(通常小于 1mJ),加工小孔孔径对孔深变化非常敏感。如果实际深度与小孔理论深度有偏差,依据理论深度选择的工艺参数加工小孔很难提高孔径的一致性,甚至导致孔径超差。

自适应定位技术是将型面测量和校正控制技术集成至数控机床系统中,通过规划测量路径后检测出工件的实际位置,并与理想数模位置进行对比。根据对比结果和偏差校正技术对工件基准进行旋转和线性修正,加工定位程序相应都会根据新的基准进行调整,从而减小定位误差导致的孔位置度误差及孔径误差等。

英国 Winbro 公司针对电火花加工叶片小孔已开发了自适应定位技术并实际应用,叶片型面采用了雷尼绍测量头及其测量系统,如图 7-25 所示。通过测量工作叶片 6 个特征点得到叶片装夹后的实际位置并与标准模型数据进行比对,根据比对结果对工件基准进行相应旋转和线性修正,并基于修正后的基准自动对叶片上孔的矢量坐标进行修正,加工定位程序相应都会根据新的矢量位置进行调整,从而避免定位误差导致的加工孔位置误差。

(a)   (b)

图 7-25 在线测量校正叶片定位误差测量头照片及叶片 6 点测量示意图
(a) 叶片 6 个特征点位置示意图;(b) 雷尼绍测量头。

针对工作叶片或导向叶片在线自适应定位的具体实施如下。

首先参考理论模拟分析结果,在叶片关键误差部位选取并测量若干相关点,保证叶片 6 个自由度均能被约束。实际选取应不少于 6 个点,其中进气边(或前定义为前缘)4 个点约束 X、Y、α 和 β 等 4 个方向,排气边(或定义为尾缘)一个点用于约束 γ 向,缘板一个点用于约束 Z 向,如图 7-26 所示。在测量数值的基础上采用三维拟合算法,通过工件约束模型中定义的点和面,将模型数据与实际工件反复进行匹配后,对工件基准进行旋转和线性修正,修正后的基准通过自适应定位系统软件自动对工件小孔的矢量坐标进行修正,随后的加工位置都会根据新的矢量位置进行调整,从而在加工时生成正确的初始位置。

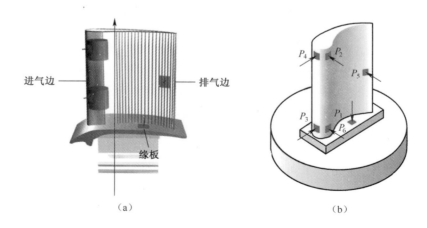

(a)   (b)

图 7-26 叶片自适应定位 6 点测量示意图
(a) 叶片区域定义;(b) 6 点测量位置示意图。

250

下面简略介绍在线测量及自适应定位具体实施示例。实施示例是基于应用 Power INSPEC 专用自适应测量及校准软件。PowerINSPECT OMV 是专业 CAD/CAM 软件公司 Delcam（已类属于 Autodesk 欧特克公司）研发，为一款专业的独立测量软件系统，支持各种类型测量设备及数控系统，如雷尼绍、海德汉等公司测量头，以及西门子、发那科、海德汉等公司的数控系统。

具体步骤如下。

步骤 1：输入要测量的零件 CAD 模型，设置测头参数。

步骤 2：在 PowerINSPECT OMV 中编制测量路径。

步骤 3：在 PM-Post 中配置后置处理。

步骤 4：在 PowerINSPECT OMV 中根据测量路径和后置处理生成测量数控程序。

步骤 5：在机床上运行测量数控程序，进行实际测量，生成机床测量值。

步骤 6：机床测量值传输给信号处理模块，信号处理模块可通过 USB 接口传输数据给测量计算机。

步骤 7：合成红外测头数据与机床测量值，得到零件表面点坐标。

步骤 8：点坐标可导入 PowerINSPECT OMV 生成测量报告，结合后置软件生成校正后的加工程序。

步骤 9：将程序导入数控机床，进行加工。

图 7-27 所示为上述步骤的实施过程数据流程图。

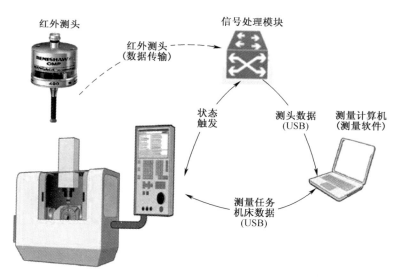

图 7-27　在线测量实施流程图

图 7-28 所示为得到测量数据以及与理想数模的拟合迭代获得位置偏差校正，最终实现自适应定位的流程框图。

自适应定位技术采用的测量头，另一个技术途径是应用非接触式的激光扫描测量系统，具有非接触式的优势，但测量精度比接触式稍低。

251

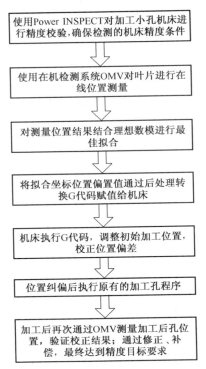

使用Power INSPECT对加工小孔机床进
行精度校验,确保检测的机床精度条件

↓

使用在机检测系统OMV对叶片进行在
线位置测量

↓

对测量位置结果结合理想数模进行最
佳拟合

↓

将拟合坐标位置偏置值通过后处理转
换G代码赋值给机床

↓

机床执行G代码,调整初始加工位置,
校正位置偏差

↓

位置纠偏后执行原有的加工孔程序

↓

加工后再次通过OMV测量加工后孔位
置,验证校正结果;通过修正、补
偿,最终达到精度目标要求

图 7-28　在线测量及自适应校正实施流程框图

7.3.2　激光加工小孔在线检测技术

激光加工小孔在线检测技术主要涉及监测孔是否通透,检测孔径甚至小孔的三维形貌,更进一步,甚至检测孔的矢量坐标。

对于二维平面上小孔尺寸及位置的测量相对简单,可以采用通常的显微光学成像方法,但针对叶片上空间三维复杂分布的小孔尺寸的测量则难度大得多,目前仍主要采用离线测量的方法。

图 7-29 所示为英国雷尼绍公司针对发动机零件空间分布小孔的测量需要,开发的 5 轴数控光学影像测量系统,该系统在三坐标测量机基础上,将用于图像采集的工业相机安装于两轴旋转测座,根据待测小孔的空间角度调整工业相机的拍摄角度,从而获得待测孔的清晰图像,再通过后续的图像处理过程获得孔的实际尺寸,从而实现空间分布小孔的快速测量。

另一种离线测量系统如图 7-30 所示,为德国 ATOS 公司研制的 Triple Scan 三维影像测量系统,零件安装于二维旋转机构,测量时根据各个孔的空间角度调整零件测量角度,使测量头发出的蓝光条纹沿各个孔的孔轴方向扫描成像并获得小孔尺寸。采用蓝光条纹有利于避免外界光线的影响,从而提高测量精度。而且通过在待测的涡轮叶片表面喷涂一层极薄的显影剂,可以对涡轮叶片型面上的全部气膜冷却孔进行逆向工程和测量,测量结果如图 7-31 所示。

图 7-29　雷尼绍公司开发的五轴光学影像测量系统　图 7-30　ATOS 公司开发的 Triple Scan 三维影像测量系统

CT 技术测量气膜孔尺寸甚至孔位、孔内腔防护效果已具有应用前景,但仍需要改进重建算法,优化检测参数,设计可用于 CT 测量的标准件,制定合适的测量标准,以及研究高效、高精度的 CT 图像识别方法等。

激光加工小孔在线检测技术的主要作用除了可以第一时间检测孔的尺寸,更大的作用在于可以解决空腔零件激光加工小孔采用填充防护材料的被动式防护的可靠性及可行性较差的问题。例如,现代叶片内腔越来越复杂,甚至采用双层壁结构,如图 7-32 所示,填充并去除防护材料更加困难,因此,基于在线检测系统判断

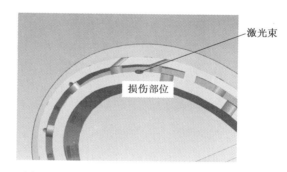

图 7-31　Triple Scan 三维影像测量
系统测量气膜孔结果

图 7-32　双层壁叶片及激光损伤对面壁示意图

孔通透与否及其大小,进而反馈控制激光作用功率、路径并在达到加工尺寸要求后及时关断激光,从而通过主动式控制避免内腔对面壁击伤意义重大。

随着激光加工小孔技术的发展,尤其是超快激光加工小孔技术发展,可以实现在带热障涂层的叶片上加工高质量小孔,包括加工异型孔,因此,已具备取代电加

工作为主要方法加工涡轮叶片气膜孔的主流地位,尤其应用于加工带热障涂层叶片气膜孔,但如何保证加工小孔尺寸的精确度及其一致性并且避免加工小孔过程损伤结构更趋复杂叶片的内腔对面壁已成为该项技术能否工程化应用的主要技术障碍之一。

为此,国外已经开发了在线实时检测小孔技术,采用激光相干成像技术。光学相干成像实质为光学相干层析成像(Optical Coherence Tomography,OCT),是20世纪90年代逐步发展起来的一种新的三维层析成像技术,是基于相干干涉原理获得深度方向的层析能力。通过扫描可以重构出材料内部结构的二维或三维图像,其信号对比度源于材料内部光学反射(散射)特性的空间变化。该成像模式的核心部件包括宽带光源、迈克尔逊干涉仪和光电探测器,其轴向分辨率取决于宽带光源的相干长度,一般可以达到$1\sim10\mu m$,而径向分辨率与普通光学显微镜类似,决定于样品内部聚焦光斑的尺寸,一般也在微米量级。而且由于相干成像通过诊断光的相干,将所有的不相干光,包括加工激光的散射光、等离子体发光等,全部滤掉,因此具有高信噪比、高分辨率的优点。

例如,加拿大LDD(Laser Depth Dynamics)公司基于激光相干成像技术开发了在线检测小孔空间尺寸系统,其主要特点在于可以实时检测激光加工结果并反馈控制加工参数,从而实现自适应控制加工。例如,在线测量激光加工头与工件相对位置,从而实现自动聚焦及实时调焦,在线测量小孔三维形貌,包括深度、出口孔径、入口孔径,避免加工小孔未完全穿透或孔径偏小。图7-33所示为在线检测、反馈控制加工异型孔整个过程的原理示意图,包括确定初始位置、闭环控制逐层去除、穿透探测及自适应孔质量控制。

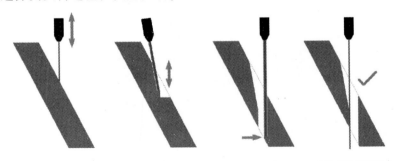

初始定位　　　闭环控制逐层去除　　　穿透检测　　质量反馈控制补加工

图7-33　在线检测控制加工异型孔原理示意图

德国ARGES公司也开发了类似原理的激光相干成像检测系统,选用850 μm激光波长,成像深度达到12mm,分辨率达到8 μm。该系统可以与超快激光振镜扫描加工系统集成使用,图7-34所示为采用旁轴方式实施相干成像测量,实现在线测量孔三维形貌及尺寸甚至实时测量孔加工过程的动态形貌,但该方式需要激光成像单元额外配置扫描装置。

另一种实施方案是在线相干成像系统采用同轴成像方式,即激光成像单元与

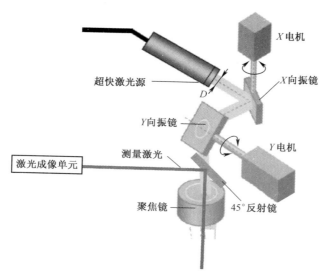

图 7-34 相干激光在线测量孔尺寸系统结构示意图

激光扫描加工头共用图 7-34 所示的二维扫描振镜系统。

参 考 文 献

[1] Booth H J. Recent applications of pulsed lasers in advanced materials processing[J]. Thin Solid Films, 2004,4:453-454,450-457.

[2] 张晓兵,等. 激光加工小孔技术在航空工业中的应用及进展[J]. 航空工艺技术, 1995 (a01):18-20.

[3] Terry L,Vander Wert, Mark Barry W. Advances in Process Control for Laser Drilling[C]. Proceedings of the 23rd International Congress on Applications of Lasers and Electro-Optics, San Francisco,2004.

内 容 简 介

本书共分为 7 章,第 1、2 章主要介绍激光加工小孔的特点、典型应用、发展趋势,激光加工小孔激光器及其特点,小孔特征参量及其检测、性能评估方法以及激光加工小孔机理,工艺方法、影响因素、典型工艺改进措施等基础性知识;第 3~7 章则重点针对航空发动机热端零件激光加工小孔,系统展示了激光加工小孔建模分析、不同脉冲宽度激光加工小孔工艺,以及激光加工小孔的后续处理、防护技术、力学性能分析,激光加工小孔装备发展及结构特点等研究成果,包括最新进展。

本书可供从事激光加工的科研、应用人员,相关设计人员以及大学相关专业的师生阅读、参考。

The book is divided into 7 chapters. The characteristics, typical applications and developing trend of laser drilling, lasers for drilling and characteristics, micro hole's description parameters and respective inspecting and measuring ways, evaluating ways of hole's performance, mechanism of laser drilling, normal drilling technologies and influence factors, typical methods of improving laser drilling technologies are introduced in chapter 1 and chapter 2. In chapters 3~7, based on laser drilling application in aeroengine, the research achievements of laser drilling in numerical simulation, different pulse duration laser drilling technologies, post-processing technologies, protection technologies in process of laser drilling, mechanical property testing of laser drilling samples of nickel based alloy, evolution of laser drilling machines, their structure characteristics and developing trends in near future are introduced in detail.

This book can be read and referenced by researchers and application personnel of laser processing, relevant designers and teachers and students of relevant majors in universities.